BÜTÜNSEL BAKIŞLA CANLILIK

-Madde ve Enerji, Beden ve Ruh İlişkisi-

YUNUS İLİK

CANLILIK Nedir? Bilinç nedir? Zamanla bağlantılı olduklarını görebilir miyiz? Duyguların ne olduğunu söyleyebilir miyiz? Beden ve Ruh ayrı mı yanılgı mıdır? Beden ve ruh, madde ve enerji gibi midir? Einstein'ın ünlü $E=M.C^2$ formülüyle, madde ve enerjinin temelde aynı şeyler olduğunu ve birbirlerine dönüşebildiklerini, maddenin yoğunlaşmış uzay-enerji alanı olduğunu göstermiştir. Madde ile enerji arasındaki benzerlik ne ise, beden ile ruh arasındaki benzerlikte öyle midir? Beden madde ise Ruh enerji midir? Bilinç, duyulardan kaynağını alan daha üst bir duyu mudur? Hücreler dokuları, dokular organları, organlar sistemleri oluşturur düşüncesinde bilincimizi de görebilir miyiz? Hafızamızdaki bilgilere istediğimiz her an neden ulaşamayız? Daha da önemlisi, tüm bilincimizi zamanın çok kısa anına sığdırabilir miyiz? Neden?

BÜTÜNSEL BAKIŞLA CANLILIK

YUNUS İLİK

Yazarı (Author): Yunus İLİK (Turkish Biolog)
Sayfa Düzeni ve Grafik Tasarım: e-Kitap PROJESİ
Kapak Tasarım:© Evrim teorisi,İnsan manyetik alanı &DNA
Editoryal: Banu Fişek & Fulya Saatçıoğlu
Yayıncı: http://www.ekitaprojesi.com, Murat UKRAY

Baskı ve Cilt (Publisher): www.lulu.com
Sertifika No (Content ID): 14420610
İstanbul, Şubat 2014
ISBN: 978-1-304-88444-2

<u>İletişim ve İsteme Adresi:</u>
E-Posta (e-mail):
Cevap ve yorumlarınız için:
{For reply and your Comments}
http://www.ekitaprojesi.com/books/butunsel-bakisla-canlilik
www.facebook.com/EKitapProjesi
y.ilik@yandex.com

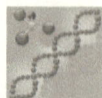

Yazar hakkında {About Author}

YUNUS İLİK:

1971, Rize doğumlu, Lise 2 Fen, Lise 3 Matematik Bölümü mezunu, araştırma ruhlu, gerçeğin peşinde ve bekar.

BÜTÜNSEL BAKIŞLA CANLILIK

İÇİNDEKİLER

- Yunus İlik Özgeçmiş--3
- Önsöz--5-8
- Duygular--9-15
- Mutluluk, Huzur, Haz-----------------------------------16-17
- Görme Olayı--18-24
- Ben Hala Ben miyim?------------------------------------25-27
- Duyma Sistemi--28-29
- Özgürlük ve Bilim--------------------------------------30-33
- Evrim--34
- Hücre Neden Çoğalır?-----------------------------------35-36
- Bilinç---37-49
- Benlik Algısı--50-57
- Zaman--57-61
- Kaos ve İnanç--62-66
- Ego--66-69
- Büyük Patlama--69-74
- Sonuç--75-80

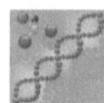

ÖNSÖZ

CANLILIK Nedir? Bilinç nedir? Zamanla bağlantılı olduklarını görebilir miyiz? Duyguların ne olduğunu söyleyebilir miyiz? Beden ve Ruh ayrı mı yanılgı mıdır? Beden ve ruh, madde ve enerji gibi midir? Einstein'ın ünlü $E=M.C^2$ formülüyle, madde ve enerjinin temelde aynı şeyler olduğunu ve birbirlerine dönüşebildiklerini, maddenin yoğunlaşmış uzay-enerji alanı olduğunu göstermiştir. Madde ile enerji arasındaki benzerlik ne ise, beden ile ruh arasındaki benzerlikte öyle midir? Beden madde ise Ruh enerji midir? Bilinç, duyulardan kaynağını alan daha üst bir duyu mudur? Hücreler dokuları, dokular organları, organlar sistemleri oluşturur düşüncesinde bilincimizi de görebilir miyiz? Hafızamızdaki bilgilere istediğimiz her an neden ulaşamayız? Daha da önemlisi, tüm bilincimizi zamanın çok kısa anına sığdırabilir miyiz? Neden?

CANLILIK; düşünmeye başladığı zamandan beri insanlığın zih-

nini meşgul eden, bu soru sorulmaya başladığından bu yana biriktirdiği deneyimlerle cevaba yaklaşmaktadır. Canlılık, ne olduğunun bilincine varmakla kendi doğasını, bilincini nasıl etkileyecektir? Hiç şüphesiz bilincine varamadığı durumdan çok daha anlamlı olacak ve canlılık evrimine olumlu katkıları olacaktır. Öyle ya bilinç kendi doğasını anlayamamanın yönsüzlüğünden sıyrılıp, doğasına ve tüm ekosistemine daha anlamlı dönüşümler sağlayacak ve zamanını anlamsız dogmatik yollarda değil, kendinde yaşayacak ve de daha büyük soruların, sorunların peşine koyulacaktır. Dogmatik kalıplardan sıyrılarak, dogmatik törelerden kurtulup, üzerinde yaşadığı dünyanın, evrenin sorularına birlikte yönelme fırsatı yakalayacaktır. Bu büyük bir enerji birlikteliği demektir, çok büyük enerji arkadaşlar. Bu kitabı okurken "Dönel devinim kuramı"nı da gözden geçirmenizi isterim (İbrahim Gedik).

İnsanın anlam arayışı ve kendini zamanda bir şekilde var etmenin zorunluluğuyla kolaya kaçmakta, kolay yolu seçmektedir. Ve de zamanın boşluklarını yaşama, doldurma zorunluluğuyla farkında olamadan dogmatik alanlara çekilmekte ve doğru yolun o yol olduğunu sanmakta, düşünmektedir. Bu aynı zamanda enerji meselesidir. Ve içinde bulunduğu grupla etkileşimi zihin boşluklarında zamanını doldurmaktadır.

Canlılığın sıkıntılarını, ne olduğunu anlayamamanın bilinçsizliğinde, bir kısım insan bir yönüyle yöneldiği bu dogmatik yollarda, yapay yollarda; canlılığa, insanlığa en büyük acıları farkına olmadan yaşatmakta, gelecek zamanlara daha büyük acılar, sorunlar yönlendirmektedir. İşte, canlılığın bilincine varılması ve de bilincin seçeneklerini etkilemesi kaçınılmazdır. Aksi durumda insanın, insanlığın kendine biçtiği sıfatlar boşlukta kalacaktır.

Canlılık, evrimsel bir süreçtir ve her canlı etkileşimin, ekosistemin bir parçasıdır. Hiç kimse mutlak bir doğru yol aramasın derim arkadaşlar. Evrim süreci doğrularımızı evirmekte ve yeniden inşa etmektedir. Hepimiz tüm canlılar olarak buna etkide bulunmaktayız evrimdaşlar. Her varoluşun oluşumu ve işleyiş için gereken doğruları

vardır, mesela hücre gereksinimleri gibi. Bu gereksinimlere bütünsel bakarsak, hepsinin enerji meselesi olduğu görülmektedir. Canlılığın ihtiyaçlarının tümü, o enerji dönüşüm ve kullanımı, canlılığın işleyiş ve oluşumla ilgili evrimsel doğrularını içerir. Doğrularımızı daha genel kavram olan enerji etkileri üzerinden düşünürsek, zamanda daha bütüncül düşünmüş oluruz. Bütüncül düşünmek az enerji harcatır ve zamandan kazanç sağlar. Zihin ya da beynimiz, zaten zamanda işleyen zaman kazanımının ta kendisidir. Dünyanın gelmiş geçmiş en yüksek zeka değerine sahip olan *Marlyn Wos Savant* şöyle bir düşünce paylaşmıştır:

"Eğer yaptığınız iş zamandan yeteri kazanç sağlamıyorsa, toplum olarak boşuna enerji harcıyorsunuz demektir."

Bu, son derece isabetli görüştür, benim görüşüm de bu yöndedir. Rahatlıkla şunu söyleyebilirim ki, zeka ölçüm testleri insan algısını asla ölçemez. Belki, dikkatini ve de hızını ölçebilir. Bu durum, Einstein'ın beyin incelemesinde ortaya çıkarılan gerçektir evrimdaşlar.

Felsefe, bilimin evrimsel yorumudur? Ne dersiniz? Beynin, bilincin işleyişine daha yakından bakmaya çalışalım bu dalışla!...

***

Canlılığın enteresan oluşum olduğunu, onu anlamaya yaklaşmanın bu durumun anlam büyüsünü daha da öteye taşıdığını görmekteyiz. Bilim ve felsefe efsanelerden çok, daha iç ürpertici, hayrete düşürücü, tabiri yerindeyse en gerçekçi masaldır, arkadaşlar. Adeta madde ve enerji, evren zamanda kendini çözmeyi seçmiştir desem yeridir, hani evren de dedikoduyu seviyor evrimdaşlar.

Arkadaşlar, canlılık evrenin görüntüsünü veren ilginç oluşum olmakla birlikte, sistem içinde oluşan sistemdir, aslolan uzayın ne olduğudur. Canlılığın ne olduğu sorusu sistem içinde oluşan sistem olarak kalmaktadır ve canlılık evrenin ta kendisidir, evrimdaşlar. Hatırlamamız gereken bir düşünce var ki, sistem içi, sistem dışı ve çoklu evrenler ne anlama gelmektedir. İç/dış yanılgı mıdır? Ne dersiniz? Hiçbir oluşum sadece içten dışa, dıştan içe, yani bütünden

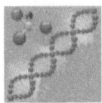

parçaya, parçadan bütüne değil, bütünsel olarak etkileşim içindedir ve de bütünsel olarak evrimleşir. Bu durumda, uzaysal alanın ne olduğu büyük bir önem kazanır. Bizler uzay-zamanın ne olduğunu anladık zannetsek de bu anlam sürekli evrimleşecek ve belki de evrenle evrim süre gidecektir, görünen o. Tam olarak anlama düşüncemiz bile uzay açısından ne anlama gelmektedir? Bilmiyoruz.

Şimdi, şöyle bir soru yöneltelim kendimize: Beynimiz, bilincimiz nasıl oluşmuş olabilir? Neden var olmuştur? : Canlının, her bölgesinden bilgileri toplayıp kısa zamanda kendinden haberdar olmak için olduğunu görürüz. Bu işleyiş, tek hücreden evrimleşe evrimleşe zamanda bilinç dediğimiz toplam farkındalık durumunu ortaya çıkarmıştır. Bilinç bilgisinin duyuların duyusu olduğu, kaynağını duyulardan alan daha bütüncül duyu olduğu görülür. Canlının çevreyle olan ilişkisini esasen maddenin doğasında olduğu gibi, enerji soğurma ve salmadan ibaret olduğu anlaşılmaktadır. Vücud, sayılamayacak kadar atom, molekül, hücreden oluşmakta ve bu oluşum sinir sistemi ağıyla birlikte evrilip kendinden ve çevresinden hızlıca haberdar olmaktadır. Benlik algısını oluşturan temel etmenin beden algısı, yani bedenden çıkan sinyallerin olduğu ve zamanda hatırlatıcısının beden olduğu anlaşılmakta, benlik kavramı yaşantı anılarıyla donatılmaktadır. Vücudumuzu oluşturan çoklu sistemlerin etkileşimi sayısızca atom, molekül, hücre etkileşimi zamanda süreklilik oluşturmakta ve canlılığımızın, hareketliliğimizin görüntüsünü vermektedir. Bu kadar yoğun etkileşimin, yoğun bağlantılı elektro-kimyasal hızda hareket ettiğinden aradaki zamanı algılayamaz ve süreklilik görüntüsü sistematik olarak belirir. Zaten, zamanı algılayan da kendini oluşturan hız farkları olduğundan, algılaması bu zamanla oluşmaktadır. Anlatabildim mi? Şöyle bir soru sorabilir miyiz: Saliselerin çok çok kısa aralığında canlılıktan ya da bilinçten bahsedebilir miyiz? Onu tanımlayabilir miyiz? Neden? Bunu düşünün!

***

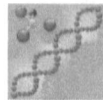

DUYGULAR

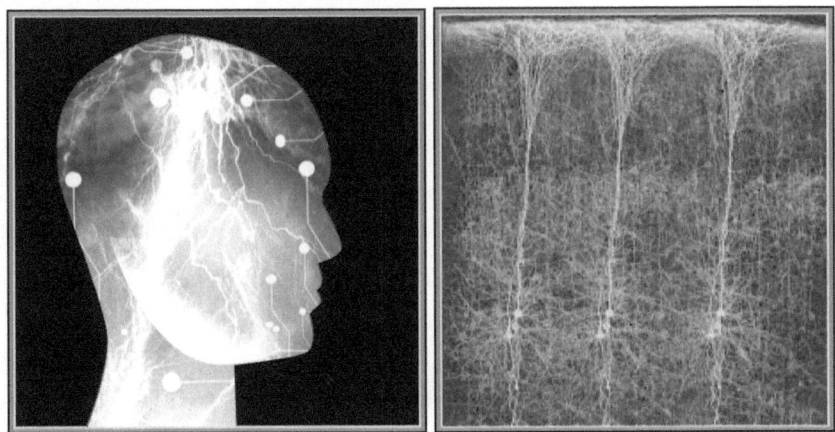

Şekil: Beyin hücreleri (ormana benziyor değil mi!!!)

Temel anlamda, duygularımız, evrimsel zamanda oluşturduğumuz davranış modellerimizdir. Ebeveynlerimiz öğrenimin kesintisiz devamlılığını sağlayan süreklilik oluşturmaktadır. Sinir sistemindeki bağlantılar ve dağılımları belirgin beden hareketine neden olmakta ve de evrimsel süreçte hem öğrenme ve onunla birlikte yapının sinir

yolları anatomisi de etkinleşmekte, şekillenmektedir. Esasen vücudun anatomisinin de evrimle öğrenilmiş bağlantı organizasyonu olduğunu söyleyebiliriz. Bu durumda, duygusal davranışlarımız olası zemin üzerinde öğrenilmiştir de diyebiliriz. Bunu ifade edebilmek için, beyin alanları bazı bölgelerin görevini üslenebilmektedir. Buna tıpta *"nöronal plastisite"* benzetmesi yapılabilir. Bilinen bu gerçeği hatırda tutmak anlamlı olacaktır, evrimdaşlar.

Şunu da görelim ki, dogmatik düşünce odaklarında kalarak bağlantılarımızı daha da dogmatikleştirmekteyiz. Bu kaçınılmaz bir durumdur ve o ortamdan, o ortamı düşünmeden en az *21 günlük* uzak durarak zihnimizi yeniden şekillendirebilme imkanını yakalayabiliriz arkadaşlar.

Şimdi, duyguların ne olabileceğini kendimizde görmek için basit ama çok anlamlı bir deneyimde bulunalım! Bu, kendini gözlemeyi içselleştirirken yaşıyor olmanın bedensel ve zihinsel aktivite olduğunu ve de yoğun ileti akışı oluşturduğunu hatırımızda tutalım. Şöyle ya da böyle bunu zaten biliyor, algılıyoruz.

Deneyimiz şu; Hiçbir kasınızı veya herhangi bir alanınızda etkileşim oluşturmadan, herhangi bir kas veya kas topluluğunu hareket ettirmeden gülümseme duygusunu yaşamaya ya da korkma duygusunu yaşamaya ya da mutlu olmaya çalışın, yapabiliyor musunuz? Peki, kabaca duygunun sistemsel işleyişle birlikte oluştuğunu görebiliyor musunuz?

Şimdi de korkma duygusuna biraz daha yakından bakmaya çalışalım. Relaks halimizde kaslarımız gevşer, beden temel işlevler yolunda işleyişine geçer, kas gerginliği düşer, istemimiz dahilinde bile olan bazı kaslarımızı yoğun korku duygusu esnasında kontrol edemeyiz. O duygu yolaklarının sinirsel aktivasyonu ve hormonal etkisi o kasları kontrol altına alır. Özellikle, karın kaslarımız sertleşir, yutma zorluğu çeker, doğru dürüst konuşamayız bile, aşırı korku yaşadığımızda benzimiz solar ve de daha birçok etkiler. Peki, tüm bunlar ne anlama gelmektedir arkadaşlar?

İşte, bu korku sinirsel ağının aktivasyonudur. Bunun tüm bede-

ne etkisi uyarmadır, tehlike var, sinir sistemi her şey yolundaymış gibi doğal durumunda işleyemiyor. Alarm durumuna geçip kendi sisteminin etkilerini ve hazırlığını yapıyor. Acil durum dışındaki enerji akışını kısıtlıyor. Birtakım kasları kasarak kendini sıkarak enerji yüklemesi, öfkelenme hazırlıyor. Böbrek üstü bezi uyarılıyor, adrenalin ve benzerlerinin salınımı artıyor ve bu etki şelalesi bronşları açarak akciğer kapasitesini artırıyor. Kalbi, özellikle B1 adenoreseptör uyarımıyla kalbimizi hızlandırıp debisini artırıyor. Yani, bu etkiler bedeni tehlikeyi daha bilinç farkından önce hazırlamaya başlayan bilinci de yönlendiren, kendiyle oluşturan etkileşim ağıdır. Bu etkiler tehlike altında bedeni, zihni hazırlayan, uzun süre de evrimsel süreçte yani çevresiyle birlikte şekillenmiştir. Ve bu sistem her ne kadar istem dışıymış gibi gözükse de tüm duygularda olduğu gibi, bilinçle alakasız olduğu düşünülemez. Budist rahipler bunları çok önceden fark edip zihin sonsuzluğuna yönelmiş, binlerce yıldır saf bilinç durumuyla bedeni görmüş izleyebilmişlerdir. Evrimsel yoldaş olduğumuzdan, bu durumu insanlık övüncü olarak rahatlıkla görebiliriz arkadaşlar.

Şimdi yine ortak bilincimizin enerji katkısıyla ağrı duygusuna (duygu demeyi özellikle ve bilerek seçiyorum.) -*başta şöyle desem kısa yoldan gideriz*- gibi görünüyor. Ağrı: çok şiddetli uyarımla bedenin, beynin diğer sistemlerini kısıtlayan güçlü elektrik akımıyla sistemde bir çeşit kısa devredir, şoktur diyebiliriz. Peki, bu durumda bu şoku algılayan nedir? sorusu da rahatlıkla anlaşılmakta, tüm sistemimiz, yani bütünlüğümüz olduğu görülmektedir. Dolayısıyla, şöyle bir soruda evrimsel süreçte soru olmaktan çıkar, hani parmağımıza iğne batırırsak; ağrı parmakta mı yoksa beyinde mi oluşur?

"Ne biliyoruz ki?" belgeselinde hatırladığım Cajal'dan verilen deneyde diyordu ki: beynin somatik duysal alanında, parmağın kapsadığı alana elektrikle uyartı verirsem, beyni yanıltırız. Kişi uyartıyı verir vermez, ağrıyı algılayacaktır düşüncesiyle yola çıkıyor ve parmağa batırılan iğnenin algılanışında beynin ilgili alanına elektrikle uyartı veriş arasında hiç beklemediği sonuçla karşılaşır. Cortex'i

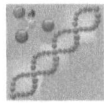

uyarınca, ağrıyı algılamanın iki kat gibi bir zaman aldığını görünce şaşırır, ve de o zamanki düşünceyle beynin zamanı genleştirdiğini vs..." diye düşündüler.

Görünen o ki, durum sandıklarından daha basittir.. Benim gördüğüm bu sonucun normal olduğu, ağrının sadece beyin kabuğunun parmaklarla ilgili duysal kısmında algılanmadığı, o bölgede ağrı sinirsel ağacının tepe dallarına ulaşıp lokalizasyonu da tamamlanmaktadır. Sinir sistemine dönen ve sinir sisteminden ayrılan geri dönüşümlü devrelerle sistem etkileşim içindedir. Ağrı yolları beyin kabuğundaki (cortex) somatik duysal alana ulaşana kadar birçok sistemi, sonuçta bütünsel olarak sistemi etkiler. Sistem, organize haberleşme ağı yapısındadır ve etkileşim bütünü etkilemektedir. Daha anlamlı bir ifadeyle; ağrı duygusu sistemin işleyişinde varlanmaktadır. Ağrı yolakları temelde bedenden beyne, merkeze doğru aktığından ağrının en tepe alanının elektrikle uyarımı ağrı oluşum yolculuğunu kapsayamayacağından algılanması da şu nedenle daha fazla zaman alacaktır. Sinyalin geri bildirimiyle parmağa iletilip tekrar geri dönmesi gerekecektir. Ağrı duygusunun (duygu demeyi seçiyorum) tüm sistemce algılandığını şöyle bir örnekle göstermeye çalışırsak, beynimizde lokalizasyon merkezleri olan ve duyu kabuğu olarak da bildiğimiz somatosensorial alanlar devre dışı kalırsa ağrı duyumsanmaz mı? Algılanmaz mı? Evet, algılanır arkadaşlar. Epey bir süre sorun olsa da, sistem deprese olsa da, daha sonra algılanır. Benim gördüğüm, belki yerini tesbit edecek birleşim bilgisinden yoksun kalırız, ancak ağrı doğrudan algılanamasa bile ağrının diğer etkileri olan iç huzursuzluk ve diğer bedensel etkileri sistem organizasyonu, evrimsel organizasyon nedeniyle algılanabilecek yani duyguyu oluşturan bağlantıların bir kısmı devre dışı kalacak, diğer etkilerse oluşabilecektir.

***

Şimdi Freud'un ünlü libido enerjisi diye tanımladığı, yani cinsel enerjiyi hepimizin hazzı ve merakı olan cinsel enerjiyi yakından görmeye, anlamaya, mercek altına almaya çalışalım. Sharon

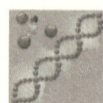

Stone'un temel içgüdü filminde: acaba en temel içgüdü cinsel duygu mudur? soralım ve bilincimiz bize ne fısıldıyor, dinleyelim. Şimdi cinsel duyguya yaklaşıp bakalım neler yakalayabileceğiz arkadaşlar.

Nasıl ki, herhangi bir bölgemizde mesela bisiklet ezilmesi, burkulma ya da dişimizde iltahaplanma oluşmaya başladığında, oradaki bakterileri, virüsleri, mantarları... yok etmeye çalışan bağışıklık sistemi elemanlarının yoğun perfüzyonuna ve hücre zarında üretilen ağrı elemanları sinir uçlarını, ağrı sinir uçlarını uyarıp sinirlerden şiddetli akım geçmesine etmen olacak elemanların ör: prostoglandinler, substans p gibi, kısacası araşidonik asit metabolitlerinin ağrı ileten sinirlerde kanal proteinlerine bağlanarak, membran ners potansiyelini değiştirip temelde pozitif yüklü sodyum iyonları ve negatif yüklü clor iyonları değişimiyle, elektrik akımına ve de elektrokimyasal etkiyle ağrı yolaklarını uyarıyorsa; sperm ve sıvı içeriğinin ve vücuttaki hormon etkilerinin birikimi de cinsel duyu yollarını uyararak beynin, vücudun elektriğini-enerjisini yükselttiğini düşünüyorum. Ne dersiniz evrimdaşlar... Tabii, tüm bu etkileşimlerin toplamı sistemi etkileyişi dolayısıyla bilinci, beyin işleyişi alanı hypotalamo-hypofizer sistemi etkileyerek hormon salınımı ve sonrası bütünsel olarak başlayan şelale etkisi zamanda beden-bilinç enerji düzeyini, sistem bütünsel olarak etkilenmiş enerjimizde yükselmiş olur. Böylelikle, cinsel aktiviteden sonra oluşan enerji düşmesi, halsizlik ve benzeri etkileri sadece çinko kaybı olarak değerlendirmek yeterli görünmemektedir. Burada, vücut enerjisinin zamanda oluşan ve evrimleşen bütün bir sistemler topluluğundan geldiğini aynı zamanda bilginin de sistemin parçası olarak enerji olduğunu, evrimin bildiğimiz, anlayamadığımız her alanda devam etmekte olduğunu da görebiliriz. Burada asıl olanın evrenin veya benim tabirimle daha kapsamlı alan olan uzayın ne olduğudur. Canlılık ise, onun içinde şekillenen, oluşan evrimsel sistemdir. Kendi ihtiyaçlarına, daha doğru ifadeyle bulunduğu ortamda enerjiyi dönüştürebilme şekline evrimleşen sistemdir. Bilincimizin uzayı nereye kadar sorgulayabileceği meçhuldür. Öyle ya, uzay uzakta değildir,

bizler uzay alanıyız zaten. Mesele, sadece uzaklık meselesi değildir. Canlılık sistemdeki ortamda etkileşen ve de evrimleşen bu yapının kendi algı mantığı sınırlarında ya da kendi sistemince mantıklı olanın uzay için ne anlama geldiği bile meçhuldür. Evrenin zamanı veya zihin ne olursa olsun, zamanda oluştuğu için bir yerden, zamandan başlamak durumunda kalıyor. Bunun en bilinen örneği eğer varsa büyük patlamadan başlanması düşüncesidir. Sanırım düşüncemi ifadelendirebildim.

Evrende enerji yoğuşması farklılıkları olmasaydı, başta biz olamazdık tabii. Yoğuşma faklılıkları olmasaydı, sistemde iş yapma potansiyeli olamazdı denebilir. Yani, bu şekliyle basitçe biz canlılar da dış ortamımıza göre organize bir enerji yoğunluğuna sahip birer makro moleküleriz denebilir. Ortamda iş yapma potansiyelimiz evrim sürecinde büyüdü. İşte, evrensel alanlar arası yoğunluk dolayısıyla, hız farkları algıladığımız zamanı oluşturur. Böylelikle zamanda oluşan bizler evrenin enerjisinden, işleyişinden farklı bir yapıda olması olanağı yoktur. Ve de zaman bizim varlığımızdan bağımsız olarak evrenin unsurudur. Zaman, beynimizin ürettiği yanılsama değildir. Evrensel zamanda canlılığın kendi moleküler etkileşimi, beynin işleyişi, bilgiyi, görüntüyü işleyiş hızı kendi psikolojik zamanını oluşturmaktadır. Arkadaşlar, eğer evrende hareket olmasaydı, bizler hareket edebilir miydik? Var olabilir miydik? Bunları düşünün, basit gibi görünse de altta yatan evrenin enerji hareketliliğini ve Einstein'in gösterdiği gibi alanın yoğun bulunduğu uzay alanının ne demek olduğunu derinden sessizce düşünün? Uzayda herşeyin gözlemciye bağlanması Schrödinger'in kedisi falan... Gözlem, bizler için önemli olan bir unsurdur, peki uzay için neden önemli olsun ki? Tabii ki, evrenin yoğun enerji alanı olarak çevremizi gerek elektromagnetik yolla gerekse tüm diğer alanlarla etkilememiz son derece normaldir, ancak dalga fonksiyonunun çökmesi falan abartı olmalıdır. Belki, evreni anlamada gizem oluşturarak faydası dokunacaktır. Yine aklıma geldi .. Gereksizliği nasıl tanımlarsınız?

Canlılığa dönersek ve evrenin başka yerlerinde veya zamanda

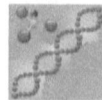

canlılık benzerleri var olmuş, yok olmuş ve de daha da oluşacak, evrimleşecektir. Bunun en büyük ispatı; dünyamızın da evrimleşmesidir ve dünyamız evrenin dışında değildir. Belki de, dünyamızdaki evrimin tohumları uzaydan gelmiştir, esasen bu düşüncenin yani *"uzaydan gelmiştir"* düşüncesinin de fazla bir önemi yok. Sonuçta dünyamız da uzaydadır ve de uzayın ta kendisidir arkadaşlar.

Biz insanlar ve diğer tüm canlılar evrenin en ileri evrenselleri olabiliriz. En ileri evrenseller olarak yapabileceğimiz çok şeyler olmalıdır. Bizler evrenin tanrılarıyız, ve tanrı hepimizin ortak vicdanıdır, hepimizin ortak bilincidir arkadaşlar. Canlılık doğasını algılayıp, diğer canlıları evrimdaşlarımızı daha iyi anlayıp onlar için de düşünmeye başlamalıyız ki, onlar için düşünmenin bütünsel evrim için gerekli olduğunu görmeli, idrak etmeliyiz. İşte, dini dogmaların en büyük kusurlarından biri de bu olsa gerek. Zaten, insanlık bu gerçeği içsel olarak hissetmektedir.

***

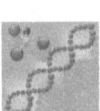

MUTLULUK, HUZUR, HAZ

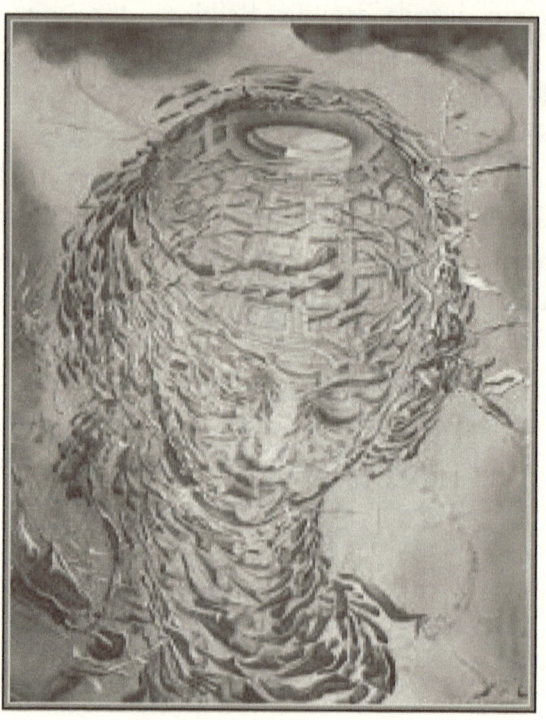

Bu ve benzeri duygularda, bütünsel olarak sempatik sistemde yani vücudun kullanılabilir enerjisini körükleyen sistemin etkisini düşürüp, parasempatik yani vücudu dinlenmeye yönlendiren ve bedende zihinde zamana bağlı birincil sorunların aşıldığı rahatlama durumudur. Bilinç bazen bunu taklit etse de, hani mutlu görüntüsü vermek gibi, eğer kişi o durumda ustalaşmamışsa zihin-bedenin komple işleyişi bunu gizleyemez ve duyguların yansıtıcısı olan beden bunu gizleyemez. Sistemin, beynin işleyişi ve bedene etkisinden bütünsel olarak algılanır. Hep bütünsel diyorum, çünkü beden algısı da beyinde zamanda yaklaştırılarak oluşturulur. Yani bedenin haritası beyinde vardır. Beden-Beyin bütündür. Zihnin enerjisi bilgiyle aktifleşir. Tıpkı program yüklenmiş bilgisayar gibi. En iyi bilgisayar program olmadan ne işe yarar. İnsan, bilimin felsefenin bilgi biriki-

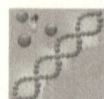

minden faydalanmalıdır. Sadece düşünerek ki düşünce bilgi gerektirir, gerçeği görebilmeye zamanı yetmez arkadaşlar.

Zaman açısından bakarsak beynimiz; çevresi ve bedeniyle hızlı haberleşme için rakipleriyle yarışmış doğal seçilimde başarırken, evrimini şekillendirmiştir. Beynimiz dolayısıyla bilincimiz evrim sürecinde zamandan kazanç için şekillenmiştir, diyebiliriz. Olaylar ve beden alanları elektrokimyasal hızda ve de beyin alanında yaklaştırılıp (beynimizde tüm beden alanının imgesi, yeri vardır) hızlı haberleşme ve yoğun aktivite çok kısa zamanda etkileşerek bilinci oluşturur. Bilinç çok kısa zamanda yoğunlaşmış bilgiyle oluşan elektromanyetik alandır. Kanaatimce farkına varmamız gereken en önemli durumlardan biri de canlılığımızın, bilincimizin uzay-zaman sürekliliğinde var olmasıdır. Şöyle ifade edebilirsem; Durağan alanda değiliz, uzay-zaman sürekliliğinde var olmaktayız. Sorgulayan en son halimiz, en son anımızdır. Düşünsenize, geçmişi bile hatırınıza getirseniz gerçekte zamanın son anında bunu şekillendirmektesiniz. Bu durumda nihai gözlemci, gözlemleyen kimdir? Sorusu, cevabı kendisi görebilir. Gözlemleyenin içinde bulunulan son anın işleyişiyle bağlantılı olup, bunun süregittiğini görebilmeliyiz ki, zaten bildiğimiz bu durumu bilince hatırlatmalı, böylece bilincinde olmalıyız arkadaşlar. Bilinç dediğimiz olayın zamana bağlı çok kısa anda bir yönüyle yoğunlaştırılmış bilgi, algı bütünlüğü olduğunu görelim. Şöyle görsel bir örnekleme yaparsak; nasıl ki, yazdığımız kelimeleri yaklaştırıp onlardan anlam çıkarırsak, bilinçte zamanda yaklaştırılmış duyulardan, algılardan, bilgilerden oluşmaktadır. Bilinç, canlılık, mekanik hız ortamında elektrokimyasal, elektromanyetik hızın zamanda oluşturduğu farktır. İş yapma yeteneği olarak da bakabiliriz, diye düşünüyorum.

***

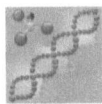

GÖRME OLAYI

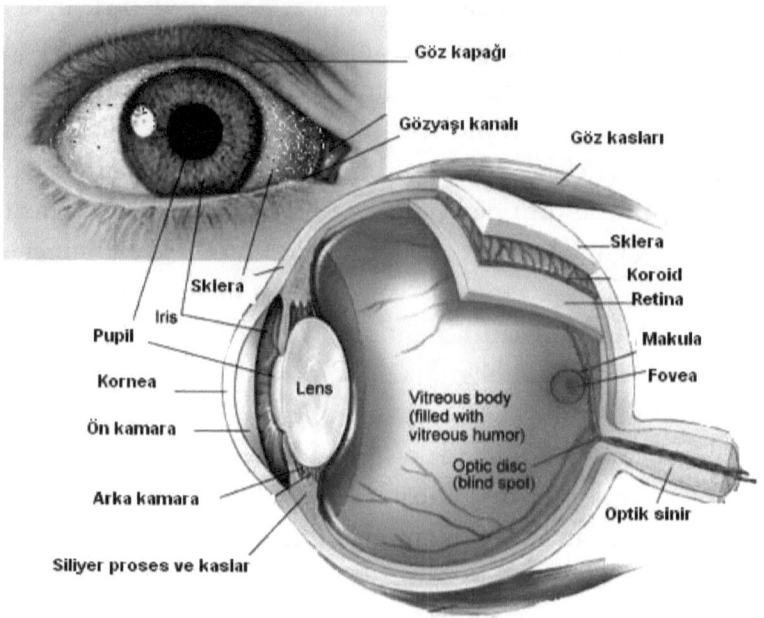

Görünen o ki ışığı değil, ışığın çizdiği şekli görmekteyiz. Işık kalem görevi görmekte maddeden, cisimden yayılan ışık yoğunluğu, ışık düşüklüğü ve de dalga boyu sayesinde şekli algılamaktayız. Işığın kendisini görebilmemiz için, ışık tanesi ve dalga paketi olan fotonun yaydığı enerjileri görebilmemiz gerekmektedir. Oysa, buna imkan yoktur. Bizim gördüğümüz ışık fotonunun şekli değil, fotonların retinamız üzerinde çizdiği şekli görmekten ibarettir, gibi görünmektedir. Işığın frekans farklılığını da, yani enerji düzeyini de renk olarak algılamaktayız. Renk, beynimizin oyunu değil, beynimizdeki moleküllerin, atomların diyeyim, elektronlarının enerji düzeyine göre ışığı soğurma ve salma durumuna uygun doğal bir durumdur. Elektronların bulunduğu atom, molekül alanındaki foton soğurma ve salma durumudur. Yani, enerji farklılığı vardır ve renk beyin oyunudur denemez. Tıpkı zamanın beynin oyunu olmadığı gibi, evrensel bir etkileşim olduğu görülmektedir. Ayrıca, beyin

kabuğu iletken bir alandır ve beyin kabuğu (cortex) hiper sütunlardan oluşur. Sinir sisteminin yalıtım maddesi miyelinden muaftır ve de rahatlıkla organize makromolekül kabuğudur diyebiliriz. Beynimiz, hatta tüm bedenimiz için göze gelen ışığın enerjisinin kullanılmasıyla meydana gelen moleküler etkileşimler, sinir uçlarını uyarıp elektrik akımı geçmesine neden olmakta ve ışığın çizdiği bu desen, beyin boyunca ilerlemekte ve beynin arkasındaki görme alanlarında, ışıkla evrimleşen alanlara ulaşmaktadır. Çizim, beyin boyunca ilerlerken deseni korumaktadır. Görünen o ki, düşüncemizde şekli canlandırmakla, olayı yaşadığımız zamanda ışığın enerjisi fark yaratmakta ve yaşadığımızla düşünceler arasında ayrıma neden olmaktadır. Bu da gerçek yaşantımızı, yani o anın hayal mi yoksa gerçek mi olduğunu bize gösteren duruma neden olmaktadır. Ancak, beyin alanları arası yoğun iletişim, görüntünün enerjisini ve yoğunluğunu artırabilmekte, hatta bazı maddelerin bunu yaptığı bilinmekte ve olayı yaşadım mı yoksa hayal mi kurdum farkı zorlaşmaktadır. Bütünsel bakışla görme olayına beynimizde yoğunlaştırılmış ve belli amaçlarda ışıkla evrimleşmiş uzay alanı rahatlıkla diyebiliriz.

Bu bakış açısıyla, olaylara daha objektif yaklaşarak kendi oluşturduğumuz sis perdesini dağıtmış oluruz. Evrimleşen beyin-beden bütünlüğü enerji düzeylerine göre farklı frekanslarda çalışmaktadır. Beynimizde oluşan, oluşturduğumuz görüntü tek sinaps aralığında değil sinaps çokluğunun parıldamasında oluşmaktadır. Ve görüntü bölgesel olarak elektrokimyasal hızda bütünlenmektedir, birleştirilmektedir. Gelen ışık desenleri göz ve beyin bölgeleri arasında kesintili, ancak bütün olarak algılayamayacağımız aradaki boşluğu bilincin diğer faktörlerinin doldurduğu çok hızlı durumdan dolayı, kesintisizmiş gibi algılanır. Beyin alanları bütünlüğü doldurur. Ayrıca ışık kaynağından, maddeden salınan sayısız fotonlar ve hızlar da düşünülürse, çoklu işleyişin zaman aralıklarını doldurduğu görülür. Yalnız burada ışığın saniyede 300.000 km hızda boşlukta yayıldığını, sanki onun aralıklarını görebilirmişiz yanılgısına kapılmadan beynin elektrokimyasal işleyişinden kaynaklandığını ve bununda

zamanımızı oluşturmasından da boşlukların fark edilemeyeceği görülmelidir arkadaşlar. Başkanlığını Hanry Merkram'ın mavi beyin (Blue Brain) projesini ve Ted Talk'ta yaptığı sunuşunda, süper bilgisayarlarda beyni anlamayı ve bakılan gülün resminin beyinde görmeyi başardıklarını belirtmeliyim. Bunun böyle olması gerektiğini beynimizin doğadan farklı olamayacağını düşünüyordum. Bu deneyi görünce de emin oldum. Hanry Merkram'ın bu sunuşunu Ted Talk'ta altyazısını türkçeye çevirerek izlemenizi mutlaka isterim arkadaşlar. Bazı durumları gereksiz tekrar ediyorum gibi görünüyor. Ancak, arkadaşlar gereksizliği nasıl tanımlarsınız (uzay yolu filminden). Beynimizin işleyiş şekli ve hızı çevremizle olan etkileşimi psikolojik zamanımızı oluşturmaktadır.

***

Çözümsüzlüğün, bilgisizliğin neden olduğu stres durumu, beynin işleyiş, yönelim zorluğu, beyin enerjisinin belirli yönlerinde birleşip, bütünleşmesini zorlaştırmakta, bu durumda organize zamanlamanın bozulup enerjinin odaklaşması önünde belirsizlik oluşturmakta, kısacası enerji kaçaklarına neden olduğu görülmektedir. Bu durum, zihin dağınıklığına, daha ilkel programlara dönmemize neden olmakta ve en büyük sorun da erkeklerin partnerini, ayrılma nedenini anlayamama buhranına neden olmakta cinayetler, kontrol dışı şuursuz davranışlara neden olmaktadır. Eğer işleyişi basit programlarla geçiştirmeyi öğrenememişsek stresin yükselmesine, uykuların kaçıp bunalımın içine çekilmemize neden olacaktır. Ne yapacağını bilememenin oluşturduğu zihinsel yönsüzlük normal karşılanıp, bilinçli algılanmasa, "deliryum"a ortam hazırlayacaktır. Çoğu zaman da, zihin akışını kendi düşünce veya inanç odaklarımızın, dogmatik törelerimizin etkisiyle iletişimde engeller, yan yollar, zorluklar, blokajlar oluşturur; yapay düşmanlar, yapay zıtlıklar oluştururuz.

Bu durum, dini dogmalar olsun, sıkça görünen durumdur. Bu durumu **"matrix"** filminde **"neo"** ile karşılaşan **"morpheus"** güzel açıklamıştır. **"Beyninin içi hapishane, aklını özgür bırak."** Gerçektede en büyük hapishane beynimizde, zamanında anlamak-

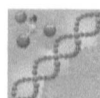

tan uzak olduğumuz ve boşluğu dolduran toplumsal dogmaların oluşturduğu hapishanedir. Ve bir nevi de toplumsal dogmaların etkisine teslim olmuş, kendini geliştirmeyi unutmuş ruh halidir. Yine de gelişmelerin ve evrimleşmelerin zıtlıklarla hızlı yol aldığını hatırlarsak o da boşuna değildir. Ancak, zıtlık oluşturacak seviyeye de asla ulaşamadığından ve bilimin henüz çözemediklerini kendine siper edindiğinden, dogmatik inançlar zamanı çok çok geriden takip etmekte, zamanın ruhunu yakalamaktan çok çok uzakta kalmaktadırlar. Bu geç kalmak, asıl sorunların kaynağını oluşturmaktadır.

Evrimi göremeyen toplumlar, geri kalmaya kendilerini mahkum etmektedirler. Bunun örneğini güney komşularımızda görmekteyiz. Petrol zengini olmalarına, duble yol yapmalarına rağmen, gelişimin toplumun en büyük gücü olduğunu görememektedirler. Öyle yol yapmakla, gelişim olmaz. Size şöyle bir örnek vereyim: düşünün ki görkemli binalarda okullar yaptınız, okullara duble yol yaptınız, hatta helikopter pisti bile yaptınız ama okullarda doğru dürüst eğitim verecek bilinç yoksa, o yapılanların anlamı kalmaz. Ya da çok iyi bir bilgisayar aldınız, ancak program yükleyemiyorsunuz o bilgisayar neye yarar arkadaşlar.

Şunu anlamamız lazım; bilim insanlarının, toplumun ileri gelen aydınlarının hepimiz için bir şeyler yapmaya çalıştığını, karşılarında durduğunu zanneden dogmatik düşüncelerin onların karşısında görülmediğini, onlarında hep birlikte yaşayacağımız toplumumuzu, dünyamızı daha anlamlı hale hepimiz için getirmeye çalıştıklarını görmemiz, anlamamız, duymamız, tüm algılarımızı kullanıp bunun bilincine varmamız lazım. Tıpkı, dini düşüncelerini hepimiz için hepimizin iyiliğini sanarak bizleri yönlendirmeye çalışmaları gibi. Arkadaşlar, bu düşünce hali gezi park, halkın yürüyüşünde şöyle muazzam bir yazıyla özetlendi.

"CENNETE GİTMEK İSTEYENLERİN CEHENNEME ÇEVİRDİĞİ DÜNYADA YAŞIYORUZ"

Durum bundan daha iyi ifade edilebilir mi !?

Ne dersiniz arkadaşlar. ?

Tekrar hatırlatayım nöronlar arası iletişimi sekteye uğrattığımız sıkça görünen bir durumdur. Buna da kabaca psikolojik yapımız demeyi seçiyoruz. Ve de olması doğaldır, ancak daha üst düşünceler için olmalıdır, dogmatik inançlar için değil.

İşte beynimizde oluşturduğumuz çözümlenmemiş sorunlar, çözümlenmemiş enerji alanları, Freud'un düşündüğü gibi, çoğu rüyalarımızın enerji aldığı durumdur. Ancak, her rüyayı aynı katagoriye sokmaya çalışmak da doğru gözükmemektedir. Günlük yaşantı aktivitesinde olup bitenler, uykuda beynimizi meşgul etmeye devam etmektedir.

Beynin içi karanlıktır, beynimizde ışık yoktur, gibi düşünceler tamamen anlamsızdır. Bunu kesin olarak belirtmek isterim. Mutlak sıfır (-273.15 derecede) soğukluğunda diyeyim, Bose-Einstein yoğunlaşması denen foton alışverişinin de durduğu uzay alanının soğukluğunda bile ki, onun da çekirdek içi etkileri nasıl etkilediğini bilmiyoruz. Soğukluk dışında, enerjinin her alanında ışık vardır. Bu fiziki gözlemlerin ışığında, beynimizin içi karanlık olabilmesi mantıksızdır. Zaten, aksiyon potansiyeli oluşurken nöron parıldamaktadır. Rüyalara geri dönersek: Rüya ile günlük yaşantımızı kısmen ayırabiliriz. O da bir rüyanın, rüyada bir nevi yaşantımız olmasıdır. Rüyalarımız, daha serbest daha basit bilinç işleyişinde bizler için uyarıcı olabilirler. Ancak, rüyaları çok farklı bir alemmiş gibi abartmak anlamsızdır. Geç saatte yediğimiz ağır yemekler bile, sıkıntılı rüyalar görmemize rahatlıkla neden olabilmektedir. Yeri gelmişken, aramızda karabasan olarak bildiğimiz duruma değinmek isterim. Karabasanlar, çok ağır rüyalarda bir türlü uyanamamak, hareket edememe, sıkışıp kalma, zamanımızın genleştiği yoğun buhran anlarıdır. Bu duruma neden olan beyin işleyiş durumuna yakından bakarsak, kısaca motor fonksiyonlar dediğimiz hareket devrelerinin, o bilinç halinde devre dışı olduğunu görürüz. Buna çok anlamlı bir örnek fuga balığı zehirlenmesini gösterebiliriz. Kişinin asetilkolin nikotinik sistemi bloke olup kişi etrafta olup bitenin bilincinde olmasına rağmen göz kapaklarını bile hareket ettirememekte, ölü gö-

rüntüsü vermektedir. Yani, rüyalar öyle anormal bir durum olmayıp gereksiz paniklemenin, veya çok farklı anlamlar yüklemenin anlamı yoktur. Paniklemenin nedeni, işleyişimizin farkına varamadığımız bilinçsizliğin korkusudur. Geleceğe dönük rüyalarda, yine bilincimizin, zihnimizin çıkarsamalarından ibaret olduğu, herhangi bir ilahi yanlarının da olmadığı görülmektedir arkadaşlar. Biz zihnimizde neyle olayları benzetmeye meyilliysek, kurduğumuz bağlantıları da o yönde meyilleriz. Yani, inançlarımızı bizzat kendimiz oluştururuz. Ve her oluşturduğumuzu, gerçeğin parçası, bizim elimizde olmayan gerçeklik sanarız. Halbuki, ona izin veren yine kendimizin oluşturduğu korkulardır arkadaşlar. İnsan, kendini neye inandırırsa kendi gerçekliğini o yönelimle dokuyup sağlamlaştırmaktadır. Ben bu duruma daha iyisini görmeye vakit bulamamamızı ve küçükken beynimizin, düşüncemizin temellerine virüs bulaşmış gibi görürüm. Çünkü, küçükken yönlenme ve geleceği o yönde örmeyi meyilleme çok kolaydır. "Başlangıç" filmini izlemenizi tavsiye ederim. Çocuklara küçükken öğretilen dogmalar bu inanç yönelimine neden olmaktadır ve çocuk o bilinç halini kendisi ve çevresiyle örerek kendisi dokumakta, kendisi var etmekte, kısacası inandığı bu yol ve bu inanç kendi gerçekliğini yaratmaktadır. Yani bir anlamda, "yaradan"ı kendisidir. Bu çok önemli bir gerçeklik olup, beyin işleyişinden çıkan sonuçtur. Şunu da bilelim ki her bilinç, düşünce hali insanlık için deneyimdir. Ancak, bu deneyim uğruna savaşmanın yersizliği anlaşılmalı, hepimizin gerçeklik açlığı çektiğini görmeli ve enerjimizi birleştirmeliyiz. Zaten, her zıtlık zannedilen gerçek görüntüsünün esasen benzer şeyler, bütünün alanları, parçaları olduğu anlaşılmalıdır. Zıtlıklar, bir nevi düşüncemizi geliştiren alanlar olduğu, aklın oyunu olduğu söylenebilir. Zıtlıkların esasen bütünün zihnimizde şekillendirdiğimiz düşüncenin alanları olduğunu, her zıtlığın daha üst zamanda bütünler olduğunu şu deneylerde görebiliriz. Ör: ışık parçacıktır diye düşünenler ve karşılarında olduğunu zanneden ışık dalgadır diyenler sonunda aynı durumun sadece bir tarafına baktıklarını gördüler. Sonuçta, ışık hem tanecik hem de

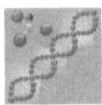

dalgadır. Daha doğrusu bu düşünceler birleşip ışığın ve tüm maddenin Einstein'in dediği gibi, alanın yoğun bulunduğu uzay parçası, dalgalar yumağı olduğu görülmektedir. Benim kanaatimce yoğun madde yakınlarında alan etkisi ışığı daha çok parça gibi algılatmakta. Bütüne bakılınca ise, bunların bizim tanımlamamız olduğu görülmektedir arkadaşlar. Şöyle de bir örnek vereyim ve soru sorayım elektron-pozitron eğer tamamen zıtsa kütlelerinin zıtlığına ne olur. Bunu **İbrahim Gedik**'in **"Dönel Devinim Kuramında"** o farklı düşüncelerde görmeye çalışın. Mesela, aydınlıkla karanlık zıt mıdır? Aydınlıkla karanlığın farkının daha yoğun görünür ışık olduğu arkadaşlar. Ayrı yönlere giden, örneğin yüksek hızlı çarpıştırmalarda, dağılan protonun ayrı yönlere giden hacimsel bütünlüğün oluşturduğu, birlikteliğin dağılmasıyla uzayda zıt yönlere gitmeler tamamen karşıtlık anlamına mı gelir. Yoksa kısmi farklılıklar mıdır. Aynı orbitalde zıt yönlere dönen elektronlara ne demeli?

Arkadaşlar canlılığa dönersek zıtlaşmaların bir nevi rekabet olduğu görülmeli, anlaşılmalı, kısacası bilincine varılmalıdır. Rekabeti de insana yakışır durumda sürdürmeli, tatlı rekabetin gelişim için enerji sağladığını da görmeliyiz.

***

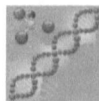

BEN HALA BEN MİYİM?

Zamanda atomlarım, moleküllerim ve hücrelerim yenilenmesine rağmen ben neden hala ben olarak kalırım? Ne kadar benim? Kaba bakışla beni ben yapan süreçler, bilgiler sadece atom, molekül ya da tek tek hücrelerimde değil; bütünün işleyişinde olduğu için ben hala benim. Çokluğun etkisinde çokluğun birleşmesinde, çokluğun işleyişinde süre giden oluşumlarız. Yine de büyük filozofun söylediği gibi *"hiçbir zaman aynı nehirden iki kere geçemezsin'*. Ne o nehir aynıdır, ne sen ne de tüm evren, ancak nehir yine aynı nehir olarak görünür. Çünkü, bizler kaba bir bütünlüğün farkına varırız, benzer şekilde beni hala benmiş gibi düşünürüz. Vücudumuzdaki tüm de-

ğişimler bir anda olamayacağından zamanda benliğimizi yeniden benzeştiririz. Yazdığım kelimelerin bazı harflerini yazmasam bile, beynimiz mantığı arayarak o araları doldurur ve hatta o harflerin yokluğunu bile farkedemeyebilirsiniz. Eğer, vücudumuzdaki tüm hücre, atom, molekül değişimi aynı anda olsaydı; benliğimizi tanımayabilir, hatta bu durumdan şikayet edebilecek bilincimiz bile olmayabilirdi. Yenilenme bir anda olamayacağından, bütün işleyişi süre giden benzeşimi hatırlayabilmekte, oluşturabilmektedir. Düşüncelerimiz, duygularımız asla hiçbir zaman aynı olamasalar bile benzeşmektedirler. Yani, çok detayına inilebilse, hiçbir zaman aynı bende olamayacağınız görülebilir. Beynimiz makine gibi aynı görüntüleri oluşturamaz. Belirli bilinç durumunda ilerlerken, ona uygun enerji düzeylerinde hatıraları oluşturur. Ancak, mantıklı düşünmezken, ör: rüyalarda vs beynimiz duygunun yoğunluğuna göre karmaşık ve farklı şekiller oluşturabilir.

Burada Jung'un ARŞETİP kavramına değinmek isterim, ayrıca Platon'un İDEA'LAR kavramını da ilgilendirir. Hiçbir şekilde, varlığını bilemediğimiz, göremediğimiz bir Tanrı, Melek, Şeytan, vs... Zaman içinde bildiğimiz durumları zihnimizde canlandırarak benzeştirmeler yaparız. Örneğin, melekleri kanatlı güzel bayanlar, şeytanı yine boynuzlu ateşten canavar olarak, tanrıyı kafamızda oluşturduğumuz güçlü imajlardan güç gösterilerinden, yani ona yüklediğimiz anlamlardan benzeşmeler oluşturur, kafamızda şekiller kurarız. Ancak, şekilleri tam olarak oluşturamaz, tam olarak nasıl göründüklerinden emin olamayız. Yine de tüm toplumsal iletişimimizde içselleştirilen benzer şekiller oluşturmakta ve de toplumsal etkileşimle benzeşimi artırmakta, böylece arşetip kavramı yaratmaktayız, zihnimizde, hayallerimizde. Hiç bir düşünce tek nedene değil, nedenler topluluğu gibi durmaktadır. Zaten yaşantımız da böyledir. Şeytan, Melek vs zihnimizdedir ve toplumsal etkileşimimizdedir. Zaten, insanın zihnindeki tanrı kavramı bir yönüyle kendi evrimsel geleceğini düşlemekten ibarettir. Evrimsel süreçte kendini tanımlamakta, evreni kontrol etme amacına hizmet etmektedir. Yine zihninde ken-

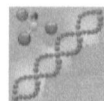

dince oluşturduğu vasıfları insan dışı geleceğe atmakta ve böylece tapındığını insanın zaaflarından koparmakta, güç oyunu kurmaktadır. Böylece kendi dünyasında yaşamaktadır. Kendini rahatlatan bir nevi **"plasebo"** etkisi gibi görünmektedir. Bu bana "hipnoz" filminde bir sahneyi hatırlattı:

"Sadece geçmişimiz değil, geleceğimiz de bizi şekillendirir Beatris, geçmişimizin şu anımızı şekillendirip geleceğimize ilham verdiğini hepimiz biliyoruz".

***

DUYMA SİSTEMİ

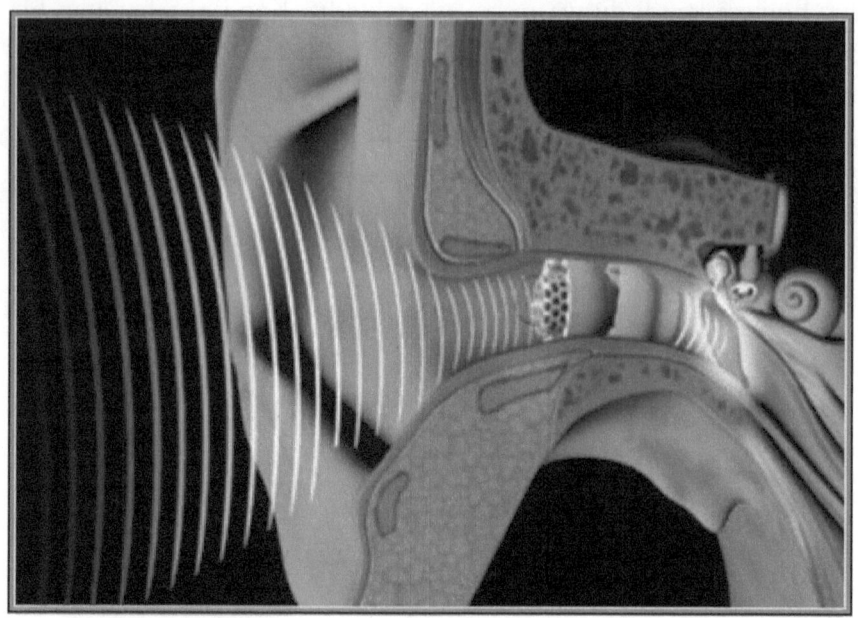

Ses dalgaları, kemanın telleri gibi havayı titreştirerek hareket eder. Titreşim, adeta birbirine çarparak molekülleri, atomları çınlatarak ilerler. Ses molekülden moleküle atlayarak yayılır. Ses dalgalarının uzayın vakum alanında yayılamamasının nedeni, bilindiği gibi kendi boyutunda titreştirecek muhatabı olmadığındandır. Yoğun katılarda ise, sesin daha hızlı yayılma nedeni de her yerin atom ve molekülle yoğun olmasındandır. Kulak zarımızda aynı etkiyi yapan ses dalgaları, zarı titreştirmekte ve kulağımızdaki evrimsel yapılarla ses dalgaları iç kulakta sıvı içinde bulunan *"kupula"* denen tüycükleri dalgalandırır. Bu titreşen tüycükler, kulak sinirlerinde aksiyon potansiyeline neden olarak, sesin enerjisi elektrik enerjisine çevrilir ve beyne iletilir. Aynı titreşim sırası, beynimizde bir nevi öğrenilerek, kodlanarak nöron ateşleme sırasıyla bu sefer ses tellerini titreştirerek, bir nevi ses nöron ateşleme sırasıyla ses tellerine uyartı göndererek benzer sırayla titreştirir. Titreşim üflediğimiz havayla büyüye-

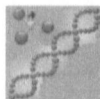

rek tekrar havayı titreştirir. Böylelikle gürültü tekrar oluşturulur. Hatta müziğin ritmini mi diyeyim, etkisini mi diyeyim onu anlayın hatırlarken ve tınısını diyeyim bu tekrarla algılanır. Yani kulağa, bedene yaptığı etkiyle algılanır. Müziğin tınısını diğer türlü, yani düşüncede tam olarak algılamak belki de olanaklı değildir. İsterseniz şarkının ortalarından tınısı olmadan, yani bestesi olmadan hatırlamaya çalışın. bakalım içiniz sıkılıp zorluk çekiyor musunuz? Yani kısacası ses, müzik yaşanır diyeyim arkadaşlar. Yani bu durum bize sesin titreşim sırası ve etkisi, titreşim sırasıyla ve de etkisiyle birlikte, işleyişle birlikte ritmini hatırlatırlar anlatabildim mi?

***

ÖZGÜRLÜK VE BİLİM

Zihnin, aklın özelliği bağlantı kurmaktır. Mesela özgürlük, cumhuriyet.... Zihin, bağlantı kurarak düşünür, bilinçlenir. Bilincin işleyişi bağlantıdır. Bilinç duyuların duyusu, bağlantısıdır. Yazdıklarım arasındaki bağlantıyı genişletmek, okuyanın bilinciyle doğrudan ilişkilidir. Siz de kendi bağlantılarınızı ortak insanlık bilincine sunun. Gerçeğe hepimizin enerjisiyle ulaşmamız mümkündür. Teklik saçmalıktır. Hepimiz biriz ve birliğin oluşturduğu renkleriz. Zihnimizde filizlenen düşünceleri hepimiz merak etmekteyiz. Buna hasretiz, ürettiklerinizi çağın haberleşme bilinci internette paylaşın, eleştirin, düşüncelerinizi insanlıktan esirgemeyin. Yanlış olur üzülürüm saçmalığına, sadece bir çeşit duygu durumunun sizi kısıtlamasına izin vermeyin. Unutmayın ki, çoğu gerçekler yanlışların paradoksla-

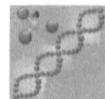

rının izi sürülerek bulunabilmiştir. Hepimiz biriz, ormanlar gibi bütün, tek bir ağaç gibi özgürce. Ortak bilince katkımız hepimize, tüm doğaya katkı sağlayacaktır. Düşüncelerinizi neden olacakları etkileri anlayamayacağımız alanlara açılmasına yardımcı olun. Düşüncelerinizi ortak matrix'e açın. Ortak matrix'in hepimiz olduğunu hatırlayın.

Toplumların din adı altındaki törelerini ve yapay, gereksiz bölücülüğünü fark etmesinin insanlık geleceği ve tüm tabiatı açısından büyük anlamlar içereceği ve içsel gerçek iyiye yöneleceğini düşünürüm. Bu bilgi ve hızlı iletişim çağında hepimizin katkılarıyla gerçekleşecek durumdur arkadaşlar.

Bilim nedir? Bir yönüyle cevaplamaya çalışalım. İnsanlığın binlerce yıldır akıl ettiği düşünceleri, taş üstüne taş koyarak biriktirmesidir. İnsanlığın ortak aklıdır. Ortak aklın henüz cevaplayamadığı soruları kendilerine siper eden dogmalar yetersizdir. Bencilliktir ve bilincinde olmasalar da yapay düşmanlık üretmektedirler. İnsanlığa zaman kaybettiren, bilimsel çözümlerde yol almasını bir şekilde engelleyen, manasız gündemler yaratan bencilliktir. Bilim hatalarıyla, tüm insanlığın ortak aklıyla taş üstüne taş koymayı hedeflerken, bu bir şekilde engellenmektedir. Bilimin temel evrimsel yolu olan felsefe, ortak akıl derinliğidir. Tüm canlılık aşkına taş üstüne taş koymaya çalışalım, bölmeye değil. Köyde yaşıyorum ve biraz önce ışığın altında kendi gölgesiyle savaşan, oynayan kediyi gördüm. Çok hoştu, birde hareketlerini görseniz, gölgesinin karşısında ani durmasını, tam bir komedi. İnsanlık olarak çok büyük düşünürlerimizi kendimizce eledik, öldürdük, bizim için torunlarımız için düşündüklerinin bilincine varamadık. Korktuk, bazı dogmalar uğruna öldürdük. Dogmalar uğruna düşüncelerimizi yok etmek, o büyük düşünürleri öldürmenin kendi gerçeğimizi öldürmek olduğunu göremedik, kör olduk, kıskançlıklarımızın, bencilliğimizin karanlığına çok uzun süreler gömüldük. Yaşıyor olmak, sadece hayatı idame ettirme anlamına gelmez.

SOKRATES'in engizisyon mahkemelerinde söylediği gibi:

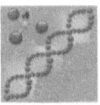

"SORGULANMAYAN HAYAT YAŞAMAYA DEĞMEZ" demiştir. Ölmeden önce okumanız gereken o kitabı tavsiye edeyim (SOKRATESİN SAVUNMASI). Eğer, ortak bilincimizin önünü kesmeseydik, insanlığın nelerin üstesinden geleceğini bile bilmiyoruz. Bu çok acı verici bir durumdur. Hepimiz evrensel gerçeklere hasretiz. Bu gerçeklik, yeni sorularla sürüp gidecektir. Kendimize ayrılan zamandaki gerçekliği bir an önce görmek, yaşamak istiyoruz. Ortak bilincimiz en büyük hakimdir. Ortak bilincimiz tanrımızdır, esasen ondan yardım isteriz, öyleyse hep birlikte yeni bir ufuk, yeni bir çağ açalım. İyiliğe yönelip kötülüğü hepimizin enerjisiyle engelleyelim. Aydınlık yarınlar tüm canlılığın faydasınadır. Sistemin, ortak bilincimizin bazı programları silmesine izin verelim (matrix kahinden) Evrenin kahinleri olarak her şey hakikatı görmek, yeni gerçeklikler evirmek için, iyilik için, hepimiz bunu istiyor ve hak ediyoruz. Rekabetimiz tatlı rekabet olsun, çünkü evrimleşmenin enerjisidir arkadaşlar. Ortak akla, gerçeğe çağrıda tek tek katkımız olsun arkadaşlar.

GERÇEKLİK aşığıyım ve bu duygunun bende olması hepimizde olduğu anlamına gelmektedir evrimdaşlar, ortak bilincimizin önündeki engelleri kaldırmak tek tek hepimizin zihnindedir. Tekrar ediyorum, düşüncelerinizi ortak bilince açmanın yolunu bulun. Evrende, dünyamızda hep gözlemcisin, senin aynın bu evrende bir daha var olmayacak, gerçeklik en büyük fikirdaşımız, ortağımızdır.

GEZİ PARK halk yürüyüşü insanlık onurumuzdur. Olayın farkına varan dünya insanları, insanlık felaketi olan Hitler felaketinin tekrar hortlamaması, insanlığın acılara sürüklenmesinin önüne geçmek için elinden geleni yapıyor. Bu durum farkında olamayanlarda, çarpık zihinlerde, komplo olarak değerlendirilirken, çarpık zihnin oluşturduğu komplo içinde olduklarının evrensel yanılgılarının farkında bile değiller. Bilincinde olamamak ne kadar acı bir durum. Ya da bir şekilde farketmeye başlayıp kibrine yenik düşmek. Oysa, bu durum kibire teslim olunacak bir durum asla olamamalıdır. Cezalanmaktan korkulunuyorsa, bu özrün kabahatten büyük olduğu

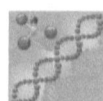

anlamını, egoistliği göstermektedir. GEZİ PARK halk direnişinde "DURAN ADAM" insanlık onurudur. Dünya tarihi adına unutulmayacak insanlık eseridir. Duran adam, her şeyi en güzel ifade eden duran adam. Bu onur hepimize pozitif etkiler sağlayacaktır. Hepimiz biriz hepimiz duran adamlarız, zihin sonsuzluğuna açılan canlılarız. En büyük hapishane olan beynimizin hapishanesinden kurtulalım, bunu ancak hep birlikte başarabiliriz.

***

Sonuçta, Dişi-Erkek konusunda annelerimiz dişi değil mi, yok fişle priz aynı olur mu saçmalığı neyin nesidir, hangi çağda yaşıyoruz arkadaşlar. Eleştirilere açık olabilmek de gelişim ve bilgi enerjisinin paylaşımı için kaçınılmazdır.

İnternet ortak bilincin iletişimini öyle hızlandırmaktadır ki, gerçekliğin önünde artık hiçbir saçmalık duramayacaktır. Artık, gerçeklik tüm insanların isteğine çok yakındır. Bilgisayar bir bakıma zihnin kendi işleyişinin ürünüdür, buluşudur. Dogmatik düşünenler, bu bilgi yoğunluğunda kendi bilincine de varacaktır. Gerçeklik patlamaya hazırdır, tut tutabilirsen. Herşey gönlünüzce olsun. (BİLİM+GÖNÜL).

Arkadaşlar; Rizeliyim ve şöyle bir olayla üzüldüm. Olay şu: Tosunun biri kendini ipleyen, kesime götürenlerden kaçmayı başarmış, akıl etmiş bu tosun, iki ay kadar köyümüzde kumuşun dağında (kestene ağaçlarından kumuşi, kumuşun dağı olarak anılır) iki ay kadar yaşamış, sonra rahatsız edildiğini fark edince karşı köye kaçmış, orada yakalanıp kesilmiştir. Bu yapılır mı? Doğasını özleyen iplerden kaçan bu canlıya yapılır mı? Yapmamız gereken onun kendi doğasında çoğalmasını sağlamak olmalıydı.

Çoğu canlıyı gıda olarak yiyoruz, evrim için bu kaçınılmazdır da, buradaki tesellimiz onların çoğalmasına yani varlanmasına neden olanda bu iştahımızdır. Yani var olmalarına neden olan da bizleriz.

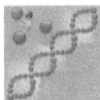

EVRİM

PEDIGREE OF MAN.
MAN
Gorilla
Orang
Chimpanzee
Gibbon
Ape-Men
Apes
Bats
Hoofed Animals
Rodents
Beasts of Prey
Whales
Sloths
Semi-Apes
Pouched Animals
Primitive Mammals
Beaked Animals
Birds
Reptiles
Amphibia
Crocodiles
Lizards
Snakes
Primitive Fishes
Petromyzon
Myxine
Jawless Animals
Skull-less Animals
Amphioxus
Insects
Crustacea
Arthropoda
Chorda-Animals
Salpae
Star-Animals
Ringed Worms
Soft Worms
Soft Animals
Primitive Worms
Sea-Nettles
Plant-Animals
Worms
Sponges
Gastraeads
Egg-Animals
Infusoria
Amoebae
Monera

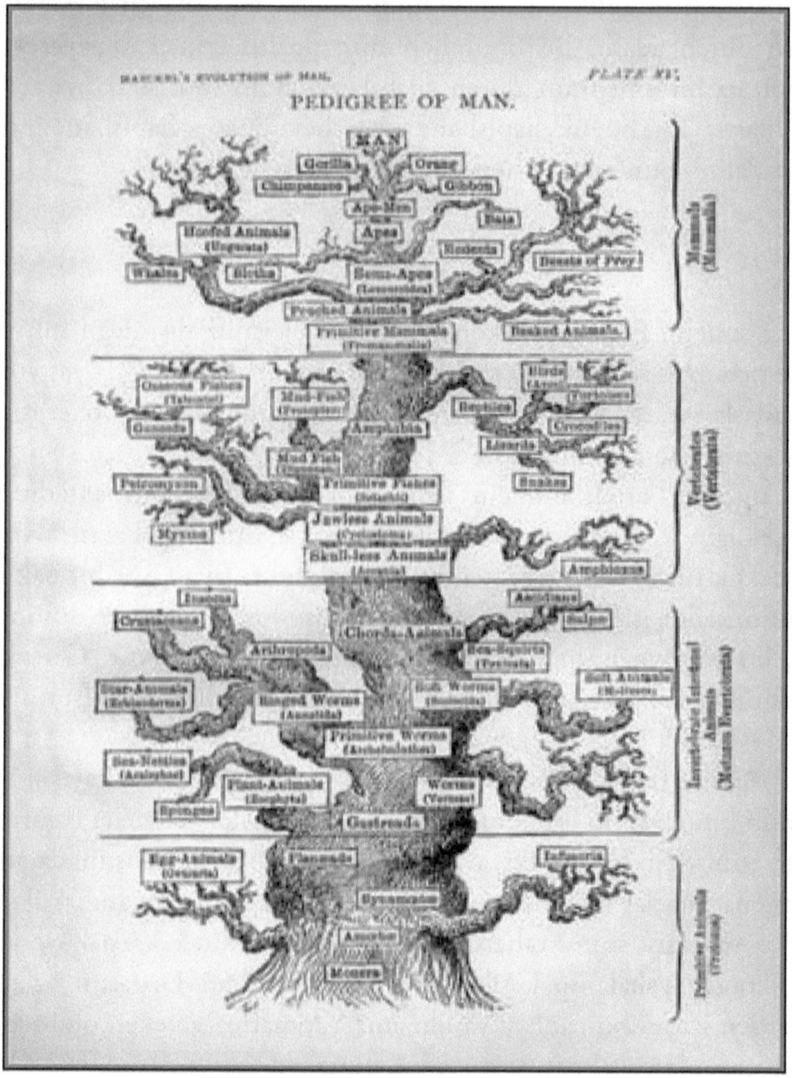

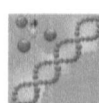

HÜCRE NEDEN ÇOĞALIR

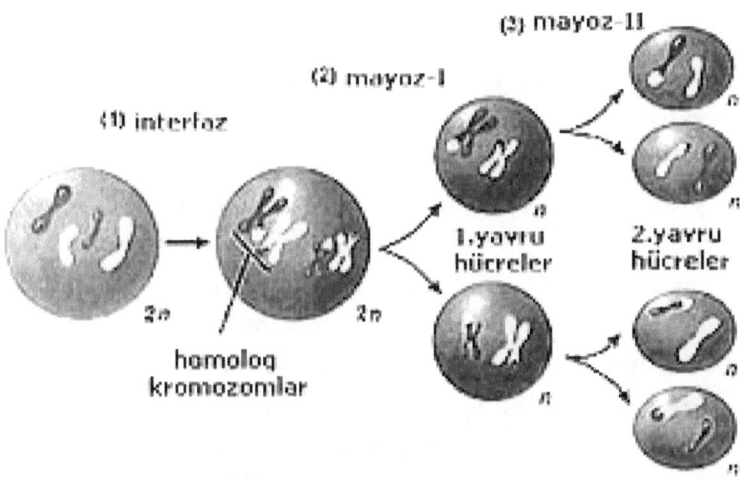

Hücreler doğası gereği çoğalma eğilimindedirler, ve kontrolden çıkan çoğalma ve kontrol dışı işleyiş şekli kanser hücrelerine, kansere neden olmaktadır.

Canlının herhangi bir bölgesinde, iş yoğunluğu arttığı zaman (bu durum uzuv evrimi için de nedenlerdendir) o bölgeye kan akışı ve dolayısıyla madde, hammadde artışı artmakta, bölgede iş ve paralel olarak enerji kullanımı artmaktadır. Isı da dahil olmak üzere, birçok etkilerle hücre yoğun uyarıma maruz kalır. Bölgedeki, hücre içindeki kimyasal, elektriksel ve de elektromagnetik etkilerle hücreninde elektromanyetik yapısı etkilenir. Yoğun uyartıya maruz kalan hücrede DNA ayrışır. Prof. OKTAY SİNANOĞLU DNA'nın çekirdek içi sıvısı, su hariç hemen herşeyde ayrıştığını göstermiştir. "Bilimde yeni ufuklar 3" kitabında moleküle bağlanan <u>yeni bir molekül ya da atomun tüm proteinin yapısını etkileyeceğini</u> göstermiştir. <u>Proteinin elektromanyetik alanı değişmektedir.</u> Bu çok ama çok önemli bir bulgudur. Ortamın etkileşimiyle işleyen evrimsel sistemlerin aslında kendi kendine otomatikmiş gibi işlemediğini, tüm çevresel etkileşimlerle, çokluğun etkileşimiyle işlediği anlaşıl-

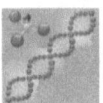

makta, ve bu bakışa yeni anlamlar katarak evirmektedir. Tıpkı, insanların da çevresiyle etkileşimi gibi, yani bizlere bütünsel olarak organize makro moleküller olarak rahatlıkla bakabiliriz. Dna'nın işleyişininde otomatik kendi kendineymiş gibi olmadığın, canlının zaten yapısının etkileşim ağı olduğunu bilincin dahi DNA'nın işleyişini etkileyeceğini rahatlıkla söyleyebiliriz. Yani, dna'nın işleyiş orantısı diyeyim, bütünsel etkileşimin ve evriminin sonucudur. Böylelikle, bizi DNA'mı yönetir, bizler DNA'dan mı ibaretiz soruları, evrimsel süreçte anlamını yitirmekte ve DNA'nın da evrimin ürünü, tüm etkileşimin bilgisi, sonucu olduğu görülür. Canlılık, tüm ekosistemiyle evrilmekte ve enerji yönlendirmesi olarak bilincinde evrimde etkisinin kaçınılmaz olduğu görülmektedir. Zaten, evrimsel sürecin sonucu olan bilinç sürecin dışında tutulabilir mi? Böyle bir şey olabilir mi? Düşünsenize bilincimiz veya zihin işleyişimiz Hypotalamo-Hypofizer sistemi etkileyerek hormon salınımını etkileyeceği, bu sebebin bile tüm işleyişi etkilemesi kaçınılmazdır.

İnsanlığın geleceğinde uzaya açılma istemi ve ihtiyacı gözükmektedir. Her şeyi daha iyi kavrayabilmek için, evrensel yol olan birçok soruların cevabı olan EVRİM gerçeğini çok iyi anlamamız ve yorumlayıp yeni bakış alanları oluşturmamız gerekmektedir. Okullarda hiç gecikmeden EVRİM kavramında yeni bir ders entegre etmenin, konuyu her yönüyle, canlılığın evriminden tüm sistemlerin, evrenin evrimine kadar enine boyuna idrak etmeliyiz. Evrim'in evrenin işleyiş şekli olduğu, anlamaya çalıştığımız hemen her sorunun cevabının evrim olduğu, evrim'de olduğu anlaşılmaktadır. Bunun getirdiği sonuçsa, evrimi algılayamayan toplumların ne yaparsa yapsınlar, zamanın gerisinde kalıp yok olacaklarıdır.

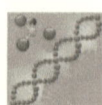

BİLİNÇ

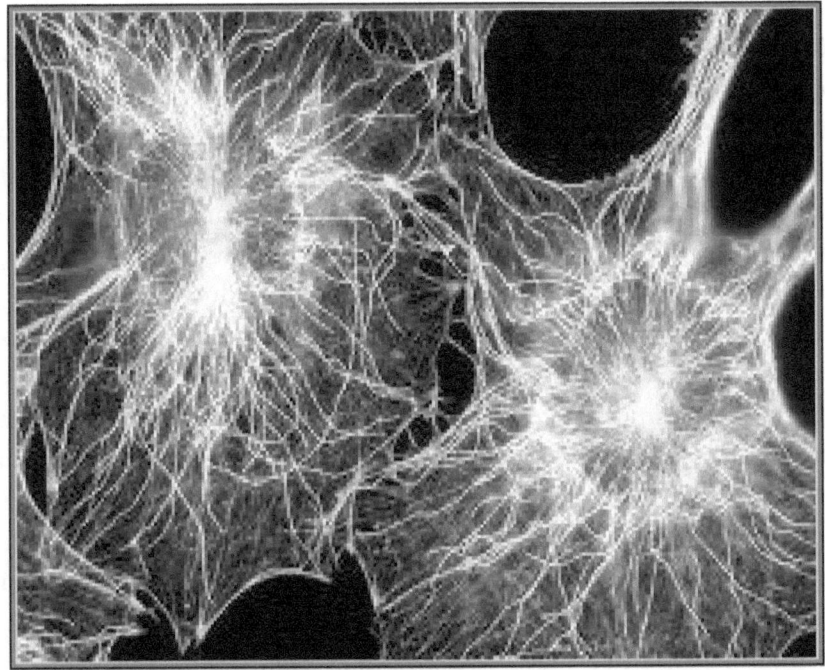

Bilinç, temelde duyuların duyusudur, elektromanyetik alandır. Tüm çevremizden, bedenimizden, kısaca tüm duyularımızdan aldığımız bilgilerin hızlandırılıp çok kısa anda yoğunlaştırılıp, zamanlanması, zamanda fark yaratmasıdır diyebiliriz. Bilincimizin bileşenlerinden akıl, zihin... üzerinde yaşadığımız dünyanın mekanik alanlarına göre, elektro-kimyasal yada kısaca elektromanyetik alandaki hız farkından var olmaktadır. Uzay-zaman bileşeninde kendi bileşenlerini oluşturan alanların hız farklılığı kendi psikolojik, canlılık zamanını oluşturmaktadır. Yani, evrensel zamanda kendi zamanlamasını oluşturmaktadır. Mekanik alan hızına göre çok daha hızlı elektro-kimyasal ya da kısa sonuçla elektromanyetik alanda bilgileri hızlandırır ve zamandan kazanır. Çok hücreli canlılar bir hücreli canlılardan evrimleşme sürecinde bedenleşirken kendi organlarından ve çevresinden haberdarlığın hızlı olabilmesi için, zamandan kaza-

nım için, sinir sistemi ağıyla evrilmiştir. Öyle ya doğal seçilim, ve diğer birçok av olmama sebebi hızlı duyu iletişimini gerektiren önemli bir sebeptir, zorlamadır. Bazı canlılar, hızlı koşma veya diğer yöntemlere evrilirken, biz insanlar olarak düşünmeye evrilmişiz arkadaşlar. Bunun anlamı, bilerek bu yolu seçmişiz değildir, ancak evrimin ileri aşamalarında akıl zırhımız olmuş ve o yönünü doğal seçilimde geliştirmiştir. Yani, gelişimi kazançlı olduğu yöne evrilirken, diğer canlılara üstünlük sağlamış ve yırtıcılardan kurtulmanın farklı yollarını bulduğundan, bedensel meziyetleri fazla gelişmemiş, ve evrim sürecinde gerilemiş olması gerektiğini biliyoruz.

Şimdiki evrimsel halimize ve de bilincin işleyişine yakından bakmaya çalışalım. Bilincimiz, genelde pek de anlayamadığı kavramlarla düşünmekte ve zamanla bu kavramların genellemeler olduğunu görmekte ve içlerinde anlaşılamayan çok fazla yön olduğunu, verilen anlamların da zamanda evrildiğini anlamaktayız. Judie Foster'ın "MESAJ" filmine de konu olan **"Okkamın Usturası"** düşüncesi bu durumu iyi ifade ediyor. Düşünce şu; **"Her şeyin eşit olduğu ortamda doğruya en yakın olan en basit olandır"** doğru olduğunu söylemiyor, doğruya en yakın olan diyor. Böyle bir ortamda, bilinçli hareket edemeyeceğimizden karmaşık düşünceler içine girmek yolumuzu uzatabilir, karıştırabiliriz anlatmakta, en basit yolu seçerek doğrudan fazla uzaklaşmamak anlamını da içermektedir. İşte, zihnimiz böyle anlam yüklü kavramlarla hareket edip oradan da önemli zaman kazanmaktadır. Aksi durumda, olayı tam anlamaya kalkarsa ki, bu mümkünde gözükmemektedir. İçinden çıkılamaz bir duruma, nasıl bir psikolojik zamanımız olurdu bir düşünün. Tabii evrimsel süreçte, kavramların içinden yeni yollar, yeni kavramlar doğar. Kendi gerçekliğimiz evren tarlasında, maddenin doğasında çimlenmektedir arkadaşlar.. Yoğun olarak, maddenin en üst katmanının doğasını enerjinin doğasını yaşamaktayız denebilir.

Doğamıza ve işleyişimizin sorunlarına kendimizce yüklediğimiz anlamlar, düşünce alışverişleri evrendeki enerji değiş/tokuşundan

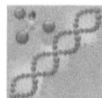

faklı bir görünümde değildir. Evren tarlasında evrimle kendi ihtiyaçları oluşan canlılar olarak, tüm isteklerimiz enerji ve denge olmalıdır. Bütünsel olarak bakarsak öyle görünmektedir. Biz canlılar da maddenin doğası gibi enerji soğurmakta ve salmaktayız. Garip görünebilir ama bunu düşünün! Kimimiz daha fazla dengede, kimimizse heyecanlar peşinden koşarız ancak temelde durum budur. Zaten, evrensel bir durum olan, çoklu işleyişin sonucu olan denge ve kaos evriminde temel yoludur diyebiliriz. Her denge kaosa neden olur ve yeniden şekillenip denge durumuna yaklaşır, mutlak denge diye bir durum olası gözükmemektedir. Canlılıkta evrenin doğasında özellikle beynimiz, bilincimiz kaos ve denge durumunun en hızlı olduğu yerdir. Olması gereken de budur, bunun bilincine varıp paniklemeden, değişimden korkmadan yaşayabilmeyi öğrenmeliyiz. Anne karnında birleşen spermle yumurtanın da kaostan şekillendiğini ve tüm yaşantımızın buna örnek olduğunu görmekteyiz. Her şey fraktal yapılar gibidir.

Duygu üzerinden denge ve enerji meselesine örnekleme yaparsak: Duygusal olarak güçlü olmaya çalışmamız, esasen enerjimizi düzenlemekle alakalıdır. Yani, oyunun kuralını fizik söyler. Gerçekte bilimsel yöntemlerin hepsi aynı yolda evrensel gerçekliği arayan ana gövdenin, bilimin evrimsel yolu olan felsefenin dallarıdır. O dallarda yetişen tohumlar yeni ana gövdeler oluşturacak evrimleşip bütünleşecektir. Örneğimize geri dönersek, üzüldüğümüzde beynimizde kullanılabilir enerjiyi kısmış oluruz. Bu yüzden özgürlüğümüzden, duygularımızdan ödün vermek istemeyiz. Enerjimizi kısıtlamalarına izin vermeyiz. Sevdiğimiz, aşık olduğumuz partnerimize kıskançlık dediğimiz duyguyla enerjisini paylaşmak istemeyiz, anlatabildim mi? Görülebileceği gibi, canlılıkta her şey evrenin doğasında olduğu gibi enerji meselesidir. Düşünce, beyin enerjimizin dönüşmesi içinde yaşadığımız toplumun bilgi paylaşımı ve önemsenen değerler açısından toplum olarak iyi düzeyde olmak son derece önemlidir. Enerjimizin büyük bölümünü etkileşimimizden ve bize hissettirdiği, yönelttiği bilinç durumundan almaktayız. Bütünden

etkilenmemiz kaçınılmaz gerçektir. Zamanın ruhu çok ama çok anlamlıdır, ortak bilincimizdir evrimdaşlar.

Bilinç duyuların duyusu yeni bütünsel duygudur diyebiliriz. Bu bakışla, duyguların da, duyularımızın daha komplike sistemli halleri, sistemli beden dilleri de olduğu görülür. Duygular, evrimsel süreçte geliştirdiğimiz, üzerlerine yenilerinin eklendiği, sinir ağı ve beden işleyiş şeklidir, davranış modellerimizdir. Kediler bu durumu bedenlerinde çok iyi yansıtmaktadır. Evrimsel süreçte sistemin organizasyonunun ortaya çıkardığı en temel sinirsel bağlantıların ve de bedenlenmenin varlığının etkisinde en içte işleyen sistemlerde içgüdü dediğimiz sonuçları, içgüdü bilinç halini oluşturmaktadır. En temeli de yaşama içgüdüsüdür. (Bilinç hali demeyi özellikle ve bilerek seçtim arkadaşlar). Tüm evrimsel süreç boyunca yaşananlar da canlılığın evrimini şekillendirmekte, evrimi sadece tesadüflere bağlayan düşüncenin yeterli olmadığı görülmektedir. Tüm yaşantınızı tesadüflerle ilişkilendirebilir misiniz? Bir kısım arkadaşlar bu düşüncelerde tanrı anlamı asla aramasın.

İçgüdü dediğimiz duruma bazı yılan türlerinden bir örnek vermeye çalışırsak: yumurta kabuğundan başını dışarıya uzattığı anda karşılaştığı tehlike durumunu algılayıp, tıpkı ebeveynleri gibi ters dönerek kokuşmuş, çürümüş koku salgılayıp avcının iştahını bozup kurtulabilmektedir. Bu tehlikeyi algılamaları görselliğin yanında ses titreşimleri ve koku duyusu, daha doğrusu her türde enerji uyartıları etkili olmalıdır. Bu durum yeni doğan canlıların 'Tabula Rasa'' olamayacağını, zaten bedenlenmenin kendisinin de bilgi olduğunu göstermektedir. İster yumurta içinde, isterse anne karnında evrilme aynı zamanda beslenme anlamına da geldiğinden cenin ortamın moleküler, kimyasal yapısına kısacası ortamına uygun yapıda evrilmekte ve bir nevi ortamından haberdar olmaktadır. Öyle ya o yumurta kısmen ortamda bulunan maddeleri de içermekte ve hiçbir yumurta içeriği aynı madde orantısını, çeşidini içermemektedir. Bu durumda, cenin daha şekillenirken, döllenen yumurta çoğalmaya başladığında bile ortamından kimyasal olarak haberdardır.(Bu dü-

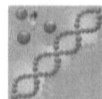

şüncelerden bilincinde olduğu anlamı çıkmaz, ifade etmek istediğim bilincinde olduğu değildir). Bu durum, türlerin farklılaşmasında etken olmakta, tıpkı aynı DNA'yı taşıyan hücrelerin çoğalıp cenini oluştururken hücre içi Matrix'in, materyal farklılığı ve bulunulan bölgenin komple elektromanyetik konumu nedeniylede DNA'nın işleyiş orantısının değişmesiyle fark oluşturması ve zamanda farklılığın yeni farklar oluşturması gibi. Mesela, kök hücreler yani özelleşmemiş hücreler nakledildiği organa, sisteme göre şekillenmekte ve çoğalmaktadır. Esasen bu etkenleri evrimsel bütünlük içinde kesintiye uğratarak ifade edebildiğimizi, zamanda evrimsel etkileşim yollarının bir kısmı olduğu da görülmelidir.

Dilimiz, çok önemli kimyasal organımız olup, alınan besinlerin kimyasal analizinin yapıldığı, kimyasal denetim organıdır. Moleküllerin bağlanma yapıları kendi işleyiş yolunu uyarıp uyarılan alanın sinir sistemi yolu aktive olmakta, sisteme bilgi, uyartı göndermekte, sistem entegrasyonu sağlanmaktadır. Sistemle bütünleşme tadın zihine etkileri, zihinle etkileşimi tüm bedene yansımakta ve etkileşim entegrasyonu sürüp gitmektedir. Böylece, beden-zihin bağlantısı görülebilmekte, yani maddenin zihin etkileşim ağı görülebilmektedir. Görülebileceği gibi, bu yolla da canlılığın evrimsel zamanda organize olmuş makromolekül olduğunu anlıyoruz. Çok ama çok enteresan değil mi? Evrimleşirken tüm davranışlarıyla, tüm çevresiyle etkileşimi, kısaca kendi geleceğinin yaşantı şeklini de seçmekte, evrimi kendi etkisi olduğu anlaşılmaktadır. Bu durum, aslında söylediğim gibi o kadar garip değil olması gerekendir. Çünkü, canlılık organize olmuş, evrendeki yoğun enerji alanıdır. Ve etkisi kaçınılmazdır. Kendi cennetimizi ve cehennemimizi yaratmaktayız. Cennet ve Cehennem kendimizde, yaşantılarımızda, seçeneklerimizde, yaptıklarımızda, düşündüklerimizdedir. İnandığımızı sandığımız anlamda değildir, olma olanağı yoktur. İstediğiniz yönde düşünün böyle bir olanak yoktur. Düşünsenize bizi yakıp, yıkan veya ödüllendiren bir tanrı, bu her açıdan basit bir düşüncedir, çocuk düşüncesi gibi, hani benim babam senin babanı döver çocukluğu.

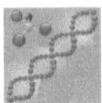

GEZİPARK halk yürüyüşünde bir arkadaşımız şöyle anlamlı bir yazıyla harekete eşlik etmekteydi. "CENNETE GİTMEK İSTE-YENLERİN CEHENNEME ÇEVİRDİĞİ DÜNYADA YAŞIYORUZ" muhteşem bir anlam, dahihane bir ifade, durumu özetlemiş. Şunu bilelim ki; CENNET ve CEHENNEM dünyamız-dadır. Onu başka zamanlarda aramayın.. Dünyamızı, cennetimizi cehenneme çevirmek, evrenin doğasından kaynaklanan çoğul dü-şünce farklılıklarının farkına varıp, kendi kendimize düşmanlıklar üretmeyelim. Çünkü bunun zihnin üretimi değil, gerçekliğin tüke-timi olduğunu görelim arkadaşlar. İnsanlık adına bu yanılgıyı göre-lim. İnsanlığın geleceğini bilimsel açılımlarını, zamanını alarak, tüm canlılık, tüm "DÜNYA CENNETİ" için oluşturacağımız ortak bilincin enerjisini bölmeyelim, arkadaşlar hepimizin isteği budur. Unutmayın, farklı düşünceler eninde sonunda evrilip bütünleşerek daha üst düşüncelere, daha yüksek bilince neden olur. Örneğin: Işık dalga mı, parçacık mı sorusunun evrilmesi gibi. Ulaşılan yeni bilgiye her iki düşüncenin katkıları neden olmuştur, arkadaşlar. Bizler ev-rendeki gerçekliğimizi ve işleyişimize kısmi de olsa yaklaştıkça kendi evrim şeklimizi etkilememiz kaçınılmaz görünmektedir. Hepimizin enerjisinin yoğunluğunu düşünün, bir de yıkarak bölmeyi düşünün? Hem illa da düşman yaratmak durumunda mıyız?, böyle bir zorun-luluğumuz mu var? Eğer düşüncelerle inandığımızı ifade etme zor-luğu çekiyor ve onu silahla dikta ediyorsak o düşüncede bir sorun olabileceğini düşünmek gerekmez mi? Bunu düşünün arkadaşlar. Hepimizin ama hepimizin hataları olduğunu küresel vicdanımızın ortak enerjisiyle, iletişimiyle sesini duyuracağını biliyoruz. Dünya bilinci yeni bir çağa adım atıyor arkadaşlar. Buna hepimizin katkıla-rıyla.

Bilinçlenmemiz, Bütünsel evrimimizi farkında olalım olmaya-lım bir çok yolla, bilgilerimizin beyin nöron ağını değiştirmesi, ye-niden şekillendirmesi ve küresel bilinci de yeniden şekillendirmesi evrimseldir ve de kaçınılmazdır. Daha detaya inersek bilincimizin hormonlarla da tüm işleyişi etkilemesi ve tüm etkileşimin yine bü-

tünü etkilemesi evrimin yoludur ve de kaçınılmazdır. Anne karnındaki yumurtanın seçeceği spermin dahi tamamen tesadüf olmadığını, baba-anne tüm bilinç etkileşiminin sperm ayrışım olasılığını etkilediğini ve anne karnında neredeyse doğduğunda hazır yumurtalarının olgunlaşmasını etkileyeceğini ve yumurta içine alınacak sperm seçimini etkileyeceğini düşünürüm. Mayoz bölünmede spermler arasındaki gen paylaşımını kişinin içinde bulunduğu kimyasal, zihinsel, psikolojik, dünyanın manyetik alanı ve daha düşünemeyeceğimiz birçok etkileşimler içinde olduğunu düşünürüm. Bizler zamanı, işleyişi, duyu yollarıyla bölerek alabildiğimizden ve zihnimizde tekrar bütünleştirip bilincine vardığımızdan, doğaya canlılığa bütünsel bakmakta zaman kusurları işliyoruz ve bu kusur evrensel gibi görünüyor evrimdaşlar. Bu durumda, bilincine varmanın zaman aralıklarını doldurmak olduğu da düşünülebilr.

Dünyamız, ekosistemimiz içinde çimlenen canlıların etkisiyle de kimyası değişmekte, yaşam ağacının ortam kimyasını etkileyerek değiştirmesi, örneğin dünya atmosferinde oksijen yoktu denebilir. Oksijenin yükselmesi canlılığın kendi evrimsel ürünüdür, fotosentezin sonucudur. Bir alandan, zamandan başlarsak siyano bakterilerin etkisidir. Dünyamızda kıtaların magmaya dalma/çıkma yani levha tektoniği ve her sebeple oluşan iklim değişiklikleri, dünyanın magnetik alan değişimleri, anladığımız anlayamadığımız etkileşimlerle oluşan ortam değişiklikleri, evrimin ana motorunu oluştururlar. Dünyamızın ortamı, kimyası canlılığın etkisiyle de değiştikçe bu moleküllerde zamanla canlı sistemlerde yeni evrimsel olanaklar oluşturmaktadır.

Edindiğimiz bilgiler, sinir sisteminin işleyiş ağını yani bağlantılarını, kimyasını etkilerdir. Bu etkiler bedeni de etkilerler. Sinir sisteminin işleyişindeki değişiklikler, hypotalamo-hypofizer sistemi de etkileyerek hormon salınım orantısını değiştirip hücre işleyişini bile etkiler ve böylece içinde bulunulan psikolojik hal belirginleşir. Beden sinir ağının işleyiş şekli ve tüm beden- beyne hormonlarında etkileşimiyle beden dilinin kaynağını da görebiliriz, yani tüm beden-

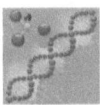

beyin etkileşiminin bedene etkilerini. Böylece, kendimizden deneyimlediğimiz beden dillerini algılarız. Tüm etkileşimin karar vermeye etkilerini de deneyimlemiş, farkına varmış oluruz evrimdaşlar.

Beynimizde çok çeşitli nörotransmiter (nöroiletici) denen bilgiyi sinaptik aralıktan diğer beyin hücresine aktaran etkileşim ağı vardır. Bizler, içinde bulunduğumuz zamandaki beden duygusunun ağırlığına göre beyinde transmitter salınımı farklı olmaktadır. Bu da içinde bulunduğumuz hissi belirler. Gördüğünüz gibi, zamanda işleyen sistemler olduğumuzdan zamanın neresinden başlanırsa başlansın kesiklik oluşmaktadır. Bu hepimizde, zamanın olduğu yerde evrensel durumdur. Ne kadar bütünsel bakmaya uğraşsak da evrenin doğasında kusursuzluk olamamaktadır. Var olmamıza neden olan da budur. Yani zamanda var olmak zorundayız ve beynimiz zamanı çok kısa ana yoğunlaştırıp bilincimizi oluşturuyorsa da kusursuz olma olanağı yoktur. En basit bir örnekle tüm yaşantınızı bir ana, bir bilinç durumuna yoğunlaştırabilir misiniz? deneyin... (Temel bir hatadan bir diğer hata doğuyor- MATRIX-MİMAR...)

Beynimizdeki nöronların birbirleri üzerine uyarıcı ve engelleyici etkileri vardır. Her etki sonuç olarak nöron gövdesinde elektrotonik iletiyle ya daha fazla negatifleştirip uyarı geçişini zorlaştırmakta yada pozitifleştirip uyarı geçişini kolaylaştırmaktadır. Buradan şöyle anlam çıkarabiliriz; her iyon nöron gövdesinde evet yada hayırlar oluşturmakta ve bunların toplam etkisiyle uyartı geçmekte yada zorlanmaktadır. Bunu bilgisayarla karşılaştırdığımızda, bilgisayara verilen bilgiyle evet hayır oluşurken, beynimiz trilyonlarca etkileşimlerle bunu oluşturmaktadır. Aradaki orantısız farkı ve beynimizin muazzamlığını görün. Bilgisayar ona verilen bilgiler doğrultusunda işlemekte bizden çok hızlıdır ancak kısa yoldan hızlıdır arkadaşlar..

Bu duruma az bilgiyle hızlı ve kendinden çok emin kararlar alan arkadaşlarımızı, yöneticilerimizi gösterebiliriz. Aşırı duygusal insanlarda da beynin daha alt bölgelerindeki hızlı işleyişle çabuk ve kendinden emin çıktılar verirler. Bu durumda, kendinden emin olma-

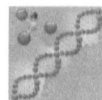

nın hatalı ama yaşantının gerekliliği olduğu görülmelidir. İşte, inanç kendine inanmanın gerekli olduğu ve işleyiş ağı olan duygudur. İnanç duygusu evrimsel olarak hepimizde olması zorunludur. Evrimin zamana uzayan bilgi dağılımını motive eden beyin-beden işleyiş şeklidir. İnanmazsak yaşayamayız. Ama birçok duyguya tapınıldığı gibi zamanla inanç da kendini anlayamayıp kendine tapınmıştır. Kendini yanılgıyla tanrıda görmüştür. İnanç duygusu olmadan hiç bir iş yapamayacağımıza örnek verirsek: başaracağınıza inanmadığınız bir işe para, emek verebilir misiniz? Bunu düşünün.

Çoğumuzun beyni özellikle gençlerin beyni, çağımızda yetişen gençlerimizin beyni dogmatik inançlarla, basit kabullerle hareket etmez ve bizlerde bu fırsatı hatayla başkaldırı olarak, karşıt olarak algılarız. Her sistemin kendince işleyiş doğruları olmasına rağmen evrensel evrim zamanında mutlak doğru kavramı anlamsızlaşacaktır. Beynimizde veya tüm bütünlüğümüzde diyeyim düşünce oluşturabilmek ve düşüncenin derinden bilincine varabilmemiz için yeterli enerjiye ihtiyaç vardır ve bizlerde buna deneyimli olmak deriz. Anlatabildim mi? Anlatamamışsam deneyimlerinizden, bilincinizden sizler anlayın arkadaşlar. Deneyimlerimiz beynimizde bağlantı yoğunluğunu arttırmakta, nöroileticileri ve etkilerini çoğaltmakta, yani beyin hücrelerimizi çınar ağacına benzetirsek, gerçekten şeklen benzemektedir. BİLGİ VE DENEYİM AĞACIN GÜNEŞİ TOPRAĞI SUYU GİBİDİR. ENERJİSİNİ ALAN AĞAÇ DALLANIR, BUDAKLANIR, YOĞUNLAŞIR, GÜÇLENİR VE TOHUM VERİR. Enerjisini alamayan kendi gölgesinde kalan ağaçsa cılızlaşır. İşte, beyin hücrelerimizde aynen böyledir arkadaşlar. Bu durumda toplumsal etkileşimin ve de toplumsal bütünlüğün enerjisinin ne kadar anlamlı olduğunu, dünyanın bunu başarması halinde insanlığa ve diğer canlılarla tüm doğamıza hangi faydaları sağlayacağını bile kavrayamayız. Bilinçsiz diktatörler bu enerjinin kendi görüşünde olmasını istiyor, bilincine varamadıklarıysa bu yolla ancak fiziki güç elde edilir ve o gücün anlamlılığı çok eski çağlarda kaldı, OYSA ESAS GÜÇ BİLİNCİN GÜCÜDÜR. O nedendendir ki diktatörler

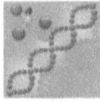

ve de tek yönde kendini geliştiren insanlar egoistliklerinin altında kalıyorlar, başarısız oluyorlar. Çünkü, YANLIŞ YOLDA, TEK TARAFLI (FAŞİZM) DOĞRU ADIM ATILAMAZ. Ne yaparsa yapsın, faşizmin içinden çıkamayacaktır. ÇÜNKÜ, İNSANLIK BİRİKİMİNİN GÜCÜ, BİLİNCİN GÜCÜ YANLARINDA OLMAYACAKTIR. Faşistler bunu asla kabul etmezler ve taraftarlarını anlamsız amaçlarla güderler. İnandırıcı olmalarının nedeni de bunu kendilerinin de anlayamamasıdır ve yaptıklarını doğru, yapılması gereken olarak görürler. Bu acıklı bir durumdur ve ilginçtir ki, bu zeka meselesi değildir. Çocukluk çağında özellikle 0-6 yaşlarında öğrenilenler bilgiler kendi gerçekliğini kurmakta ve bazı insanlar sadece o açıyla gelişmektedir. "BAŞLANGIÇ" filmini izlemenizi tavsiye ederim.

Deneyimlerimiz beraberinde beyin hücrelerimizin bağlantılarını yoğunlaşmasına enerjinin yükselmesine ve bu durum yeni yorumlar yeni bakış açıları oluşturacak enerjiyi sağlar. Edindiği düşünceler, inanç duygusunun entegrasyonuyla enerjiyi destekler ve düşüncenin devamlılığını sağlar. Daha birçok duygu sisteminin enerjisiyle konsantrasyon, dikkat yükselir. İşte, inancın duygu olduğu, diğer tüm duygular gibi hepsinin canlılığın ve düşüncemizin zamanda sürekliliğini sağlayan, var olabilmesini sağlayan bütünleyici sistemlerdir. Evrim sürecinde şekillenmiş temel davranış modellerimiz ve iç dinamiklerimizin parçaları ve zamanda bütünleridirler. İşte, duygusal çatışmalar, moral bozukluğu enerji bütünlüğünü bozmakta, enerji kaçaklarına neden olmakta, zihin konsantrasyonunu düşürmektedir, zaman kaybına neden olmaktadır. Hepimiz kendine özgü yollarda beyin enerji kaçaklarını düzenleyebiliriz. Bence en iyi yolu zamanı paylaşıp anlamlandıracağın partnerindir. Paylaşıp anlamlandırmak yoğun ilgi beceri, akıl ve de emek ister. Esasen çok zor fakat durumun gerçekliği fark edilince çok keyifli ve çok anlamlı, gerçekçi, yaşanan olduğu görülecektir. Esasen hepimizin özlemi de budur arkadaşlar.

İnsan zihin enerji kaçaklarını düzenlemeden düşük bilinçte da-

ğınık yaşayamaz. Ancak tanrı inancını, kolay yolu seçmek, sorgula-mamak, sorgulatmamak zihin tembelliği, insanlık ve doğa geleceği için zaman kaybıdır. Beynin enerji kaçaklarını düzenlemek hep dü-zenli olacakları anlamına gelmez. Çünkü, beynimiz, zihnimiz evre-nin doğasındaki kaotik yapıya hızlı olmasından dolayı en yatkın evrenseldir. Zihnimiz kaostan düzene yeni kaoslardan yeni düzenle-re evrilir. Buna alışık olmalı, bu bilinci yakalamış olmalı ve bunu zayıflık olarak görmemelidir. Çoğu korkumuzun, değişimden uzak durmamızın, diretmemizin nedeni de budur.

Yaşayan her insana, topluma, beynimizdeki nöronlar gibi baka-biliriz. Küresel bilinç kavramını anlamakla, küresel bilincin tanrımız olduğunu görebiliriz. İnternet ağı, televizyonlar, telefonlar, kısacası hızlı haberleşme küresel bilinci güçlendirmektedir.

Budistler gördüğümüz gerçekliğin buz dağının üstü olduğunu uzun zaman önce işaret etmişler, gündelik aklın buna ulaşamayaca-ğını görmüşlerdir. Budistler hiçbir canlıya zarar vermeyen, doğayı saf zihinlerinde izleyen yegane insanlardır. İnsanlık, zamanı gelince bunların gururunu ortak bilincinde hissedecektir.

Canlılığın ne olduğunu gördüğümüzde bilincimiz yeni bir kaos-tan geçip, yeni anlamların kapılarını aralayacak yeni düzenler oluş-turacak ve evrim sürüp gidecektir. Sorunların ve çözümlerin evrimin yolu olduğu, sürecin parçası olduğu görülecektir.

Bilinç kaba enerji sorununu çözüp, elektrik enerjisi nasıl ki en temiz ve kolay kullanım yolundan biriyse, evrenin enerjisinin daha basit kullanılabilir yollarını bulup, enerji sorununu çok ama çok basitleştirmeye çalışmalıyız. Hala çok kaba enerji dönüşümlerini kullanıyoruz. Bu durum tabiri yerindeyse bizler için çok külfetli, doğamız içinde bir o kadar zararlı oluyor. Elektron-Pozitron karşı-laştırılmasıyla en verimli ve nükleer olmayan temiz enerji üzerinde çalışılıyor. Ancak, daha önümüzde çok yol var yani daha yolun ba-şındayız.

Evrenin her alanında olduğu gibi düşünce, düşünceyi oluşturan etmenler, duygular, her şey yoğunlaşmış enerjidir. Canlılık, enerjisi-

ni nereden alır düşüncesinin en kısa ve en basit cevabı tüm evrenin enerji olduğudur ve de soru olmaktan çıkıp, cevabın kaynağı olduğunu görür. Beden enerjimiz yüksek olsa bile, bunu yönlendirecek bilinç olmadığı zaman, onu taşıyacak bilinç olmadığı zaman, zihinde tıkanmalar oluşur ve enerji ilkel davranış yollarına kaçabilir. Bu yüksek enerji strese ve saldırganlığa dönüşebilir. Çünkü, beyinde bu enerjiyi kullanabilecek düşünce yolları oluşmamıştır ve de seçenekler daralmıştır. yetiştirilmemiş çocuklar, gençler gibi.

Beynimizdeki her kimya farklı renk oluşturması gibi, farklı bilinç hallerini de oluşturmaktadır. O kimyadaki anılarımız o frekanslarda kaydedilmektedir. Bu bilinç halleri de beynimizde diyalog içinde evrilmekte ve daha üst bilinçte birleşmektedir. İşte, bunun için neşeli bir kimyada olumlu olayları, neşeli olamadığımızda olumsuz olayları hatırlama eğilimindeyiz. İşte, depresyonda da uzun süreli endişeler pozitif kimyamızı zayıflattığından olumsuz düşüncelerin bizi örmesi, üstünlük sağlayıp zihnimizi işgal etmesi anlamlı gözükmektedir.

Beynimiz neden tek duyu organıyla doğanın bilgisini alamamaktadır? Bu ne anlama gelmektedir? Mesela ışıkla gelen bilgiyi, ışık enerjisine göre çok kaba olan mekanik alan ses dalgalarının kulağımızı titreştirmesi gibi algılayamazdık. Dilimizde şekerliyi algılayan kısımla tuzluyu algılayan kısım aynı olamazdı, çünkü farklı kimyasal yapı içerirler ve dilin görevinin anlamı kalmazdı. Peki, beynimizin duyu yollarıyla çevreden aldığı parçalar halindeki bilgileri ne yapmaya çalışıyor? Basitçe görülebileceği gibi, tekrar bir araya getiriyor, birleştirip, anlam çıkarıp durumun bilincine varıyor. Evrendeki farklı hız ve alanları birleştirerek, düzenleyerek aynı zaman anında bir araya getirerek bütünlüyor. İşte, açıkça görülebileceği gibi bilincin duyuların duyusu olduğu, farklı bilgilerin kısa anda bağlanmasıyla oluşan zamandaki enerji yoğunluğu da evrensel zamanda fark yaratarak bilincimizi, kendi zamanımızı oluşturuyor. Beynimizde farklı zamandaki olayların kısa anda yoğunlaştırılıp aynı anda görülmesiyle olaylar arası bağlantı kurulmuş oluyor. Dedektiflik gibi

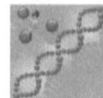

değil mi? İşte, ortamdan alacağımız bilgileri inançla, suyla, buyla kısıtlayıp, tek yönlü algılamak zorunda kalmazsak çok daha fazla bilgiyi işler çok daha bilinçli oluruz.

***

Canlılardaki merak duygusu, farklı yeni durumların peşindedir. Yeni durumlar şaşırmamıza ve heyecana neden olup adrenalin salınımıyla da enerjimizi yükseltir ve farklılık algılarız. Adrenalin yükselmesi beraberinde yeni etkileşimleri tetikler ve yoğun haz yaşarız, coşarız enerjimiz yükselir. Bu duygu aranan duygudur ve dağcılarda, jamping yapanlarda vs... bir nevi bağımlılık yaratır. Yeni bakış açıları geliştiremeyen insana hayat anlamsız gelir, depresif olur ve bır kısım insanda da saldırganlığa, agresifliğe neden olabilir. Depresif insanlar gibi agresif insanlarda hayatın içinde pek anlam bulamazlar. Çünkü, yeni bakış açıları oluşturmak bilinci ve hayatın anlamını artırır. Buna bir örnek de çocuğu olmayan insanları verebilirim. Çocuk olması bağlantılarını ve yaşam anlamını arttırır arkadaşlar. Zihnin yeni düşünceler açması yeni doğmuş deneyimli insana benzer ve yapacak çok şeyler olduğunu görür. Bilinci düşük akıllı insanlar genelde genelde toplumları peşinden sürükleyenlerdir. Yaptıklarının en doğru olduğunu düşünürler.

Arkadaşlar farklılıklar evrenin doğasındandır ve hayatın anlamını, gizemini barındırır. Düşünsenize evren tek renk gri olsa çok sıkıcı olurdu. Öyleyse farklılıklarımızın zihnimizde oluşturduğu çatışmaları doğal görerek beynimizin akışına bırakıp oluşan kaostan yeni anlamlar oluşturalım. Müdahaleler bildiklerimizden taraf olacağından üst bilinç durumuna çıkmamızı, gelişmemizi zorlaştırır. Ben eleştiri yapan arkadaşımı yeni bir duyu organım gibi görürüm. Hepimiz birbirimizin duyu organlarıyız, görünen o arkadaşlar. Hayatı anlamsız görenler evrende daha anlamlı neyi gösterebilirler? Bunu düşünün?

***

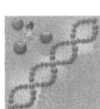

BENLİK ALGISI

Benlik algımızı sürekliliştiren, canlı tutan bedenimizdir. Bedenden gelen sürekli uyartılar ve beyinden bedene uyartılarla varlık hissimiz, benlik ya da özbenlik diyeyim, benlik algımız desteklenmiş olur. İşte, zamanda öğrendiğimiz bilgiler kendimiz hakkında oluşturduğumuz düşünceler de öz benimizin alanı, temeli üzerinde inşa ettiğimiz kimliğimizdir. Bütün olarak benliğimiz oluşmuş olmaktadır. İnsanlar olarak özbenlik algımız oldukça benzerdir. Bu durumda diğer canlılarda varlık bilincini algıladıkları anlaşılmaktadır. Görünen o ki diğer canlılar hakkında oldukça bilinçsiz kalmışız.

Bilincimizi yürüyüşümüz, duruş şeklimiz, kimliğimiz, bulunulan yer, kişiler, giyim tarzımız, kısacası her şey o anki bilincimizi etkilemektedir. Bunun için ortamı, arkadaşlarımızı ve bunların bilincimiz üzerindeki etkilerini görerek bilinç durumumuzu istediğimiz yönde hazırlayabiliriz. Bedenimizden beynimize çıkan sinyallerin bilincimizi etkilememesi düşünülemez. Eğer, bu durum doğruysa ki öyle görünüyor, deneyimlerimden biliyorum arkadaşlar. Bu durumda, herhangi bir bölgemizde organımızda var olan hastalık, kusur, enfeksiyon, kanser.... bilincimizi ağrı dışında da etkileyecektir. Mesela, enfeksiyon esnasında kimyamız etkilenecek ya da alerjik kişilerde vücudun alerjene verdiği cevap kanın bileşenlerini etkileyecektir. Tabii ki, tüm ortam şartları, sıcak, soğuk, ışıklı, loş, deniz kenarı, dağ, acıkma gibi üzerimize yaptığı etkileri zaten biliyoruz. Belki de sebepsiz diye gördüğümüz iç huzursuzlukların bir kısmı bağışıklık etkilerle beyin işleyişini, bilincimizi etkilemesinden olabilir. En azından bir kısmı. Beyin işleyişi gerekli enerji düzeyine ulaşamayınca, daha düşük içerikte işler, bilinçlilik daralır. Bütünsel işleyişin bütünleşebilmesi zorlaşır. Bu durumda huzursuzluğun temel nedenlerindendir. Belki, bütünlük içinde çalışıp bir anlam, düşünce oluşturamazsa, yani işleyişi anlam oluşturamazsa paniklemekte, zorluk çekmektedir. Ne yapacağını bilememenin çaresizliği, huzursuzluğu gibi. Şiddetli uyarılma da stres nedenidir. ("ANLAMANIN GİZEMİ" adlı Kemal Gülden'in kitabını okumanızı tavsiye ederim arkadaşlar).

Görülebileceği gibi, sistemdeki etkileşimi yine sistemlerin kendileri bütün olarak da, sistemin kendisi algılamakta, fark etmektedir. Gözleyen kimdir sorusuna sistemlerin etkileşimiyle zamandaki "son anımız" diyebiliriz arkadaşlar. Zamandaki oluşan kendi zamanlamasında var olan sistemlerimiz. Nihai gözlemci temelde zamandaki son etkileşimimiz, son anımızdır. Ve de bu böyle sürüp gider, durağanlık yoktur. Yani, zamanda duran sistem gözlem yapmıyor. Kendine ait uzay-zaman içinde zamanlamadır.

Görünen o ki bizi biz yapan, evrimleştiren etmenler içinde toplum olarak ve doğanın parçası olarak hepimiz varız, doğanın kendileri olarak hepimiz varız. Şöyle bir gözlem yapın, benliğinizdeki kendinizi ve kendi dışınızdaki etmenleri ayıklamaya çalışın bakalım. Bizi biz yapanın hepimiz, etkileşim ağımız olduğunu görün. Kendi-

nizde arkadaşınızın etkisini, arkadaşınızda da etkinizi görün. Görülebileceği gibi düşünceler, buluşlar,.... hiçbiri kişiye ait değildir. O bir kişide teklik yoktur. ("dokuz yüz katlı insan" kitabını tavsiye ederim) Tüm düşünceler evrimsel doğamızda, sonuçta bütüne aittir. Birim ve bütün ayırımı yapılamamakta, birimin oluşmasına neden olan daha az yoğun enerji alanları birleşimi, yani toplamı da bütünü oluşturmaktadır.

Evrendeki yoğun Kütle-Enerji alanlarının ortamı, alanı etkileyip değiştirmesi benzeri bizlerde olmakta , olanlardan bütünü oluşturan parçalar olarak hepimiz sorumluyuz.

Bizler için zehirli olan hidrojen sülfür okyanus diplerinde 3000-4000 metre derinlerde, güneş ışığından uzakta volkanik bacaların etrafında. yüksek ısı, yüksek basınçta yaşayan canlılar ve de onlarla simbiyoz yaşayan bakteriler için enerji dönüşümü olarak, yani bir nevi gıda olarak kullanılmaktadır. Bu durum bize gösteriyor ki, canlılık bulunduğu ortamın koşullarında evrilmektedir. Orada, o şartlarda, canlı olmaz düşüncesinin çok hatalı olduğu gözükmektedir. Yani, canlılığın mutlak bir yolu yoktur. Canlılar olarak simbiyoz yaşamın ortaklaştığı yapılarız ve zamanda çok hücreli canlılarda tek hücrelilerden evrimleşmiştir. Bu kaçınılmaz gerçekliğimizdir. Evrenin doğası böyledir. Geleceğin çok hücreli canlıları bugünün tek hücreli canlılarından evrimleşecektir. Mesele alınan maddenin enerjisinin dönüştürülüp, o canlı için kullanılabilir olmasından ibarattir. Ve bu çok zor bir durum değildir. Evren, enerji dönüşümüdür zaten. Bulunulan coğrafyada evrimleşen canlılar, o ortamın koşullarında sistemleri oluşmuştur, ve bu gayet normal olması gereken durumdur, ve canlı oluşumunda mutlak bir yol olması gerekmediğini göstermektedir. Esasen, bildiğimizi sandığımız anlamda ruhani bir canlılık yoktur. Bizler madde ve onu da oluşturan enerji alanlarından oluşmakta, evrimleşmekteyiz. Yeni bulgular zihinlerimizde bunu şekillendiriyor evrimdaşlar. İsterseniz, bu enerji alanına eski tanımlamamız olan ruh diyebilirsiniz, herhangi bir sakıncası yoktur. Tanımlamanın içeriğine verdiğiniz anlamın derinleşmesi önemli

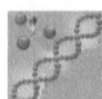

olandır. Canlılığın bu yeni görünümü, bu yeni anlamı çok ama çok muazzam bir durumdur ve insana sanıldığından çok daha derin anlamlar, sorumluluklar yüklemektedir. Bizler evrenin ta kendileriyiz, tanrının bizler, esasen kendilerimiz olduğumuzu anlamaktayız. Ve ölümle bile olsa yok olmadığımızı bizi oluşturan enerji alanımızın evrene yayıldığını, kaynağından kısmen ayrımlaşan, yapımızın kaynağına geri döndüğünü göstermektedir. Hani aramızda bir söz vardır "topraktan geldik toprağa dönüyoruz" arkadaşlar. Hepimiz evrende enerji alanına dönüyoruz. Zaten, kaynağından ayrılan vücut onun entropisinden, erozyonundan kurtulamayacaktır. Hissettiğimiz gerçekliğin alanıdır, aynı zamanda da kendi gerçekliğimizdir. Evren var oldukça bizlerde evrenin enerjileriyiz.

Sevdiğiniz bir yemeğin tadını tam olarak tarif edebilir misiniz? Edemezsiniz, Tam olarak tarif sorusu nereye kadar anlamlıdır. Tat duyudur, peki duyuların daha entegre, organize olmuş daha gelişmiş hali duygularımız olmasın, Tümünün daha büyük organize halinin bilinç olması gibi. Bedenimizin ihtiyaç duyduğu öncü maddeleri bize neden lezzetli gelmektedir? Çünkü sistemimiz onlarla örülmüştür. Ve de sistem kendisini oluşturanlara cevap vermektedir. Olması gerekende budur. Tüm hücre zarları da dilimiz gibi onları tanımakta hatta hücre içine alacak anahtar kilit modelleri, geçiş kontrolü uygulamaktadır. Yani hücre zarlarının görevinin bir kısmı çok hücrelilerde üslenilmiştir. Belki de tüm evrimin kaynağı dilden çoğalmıştır. Şöyle bir soru soralım, tek bir hücreyle bir insan bütünlüğü arasında ne gibi benzerlik, ne gibi bağlantılar vardır? Bunları görebilir miyiz? Bunu düşünün arkadaşlar. Vücudumuza ihtiyaç duyduğu maddeler gelince, tat goncalarına bağlanır, uyarı kokuyla pekiştirilip beynimize yüksek uyarımla elektrik, ileti gönderir. Hele hele de çok açsak afinite çok artar. Beynin alt bölgeler başta olmak üzere dopamin vb. salınımı artar, keyifleniriz. Temel ihtiyaçlar gelmektedir. Sistem benzeri yollarla kendinden haberdar olmaktadır. Tadın tadını alanda yine sisteme olan etkileriyle bütünlüğümüz, tüm sistemlerimizdir. Çok ekşide yüzümüz ekşir, tatlıda gözlerimiz parlar. Beyin nö-

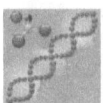

ronları diğer hücreler gibi şekeri yedekleyemez, ancak şekerin hücre içine girebilmesini sağlayan insüline ihtiyaç duymadan şekeri, yani şekerin parçalı daha küçük hali olan glukozu hücre içine alıp kullanabilir. Beynimiz enerji olarak kan şekerine bağımlıdır. Ancak şeker iki ucu keskin bıçak gibidir, ve de her şeyde olduğu gibi dengede olmalıdır, aksi durumda yüksek şeker hepimizin bilincine vardığı gibi vücudumuz için çok tahripkardır. Damarları tahrip etmesiyle vücudumuzun kanallarını sulama kanalları olan damarları çok kötü etkiler. Hele de rafine şeker yani bir nevi saf şekere vücudumuz evriminde sonradan karşılaştığı için, insülin salınım dengesinden tutun her şeyin dengesini bozup, şeker hastalığına yakalanmayı dengeleri bozarak oluşturur.

Görüntünün parlaklığını, kokunun tadını vb... ölçen beyin işleyişi ve dolayısıyla sisteme, bütüne olan etkileridir. Hımmm şahane... gibi. Bedenin dili dediğimiz duygulanımın parçasını oluşturmakta, örneğin yüzümüzü asmak, ekşitmek, öfkelenme görüntüsü esasen duygunun sistemle entegre sistemle oluş şeklini göstermektedir, bir nevi sinir sisteminin işleyişine de böyle bakmamız gerekmektedir. Sistemimizin organize bütünlüğü bedenle bedenlenmektedir, Anlatabildim mi? Sinir sistemimiz içinden entegre çok fazla sinir ağlarının bütünlüğünden oluşmaktadır. Duygularımızı zihinsel ifade etmeye kalkmak tam yeterli olamamaktadır ve bu durum bize duygunun rengini gösterbilir misin yanılgısına götürmüştür. İşte, şunu göremedik, zihin dediğimiz üst işleyişler daha bütüncül katılımların ve sorunların ürünü olduklarından temel davranışı nasıl bedenin sunduğundan, yaşadığından daha iyi tarif edebilsin ki? Bu mümkün olabilir mi? Peki o kadar yoğun bilgiyle oluşan bilincimiz, zihnimiz, tam bedensel etkiyi fark ettirebilmesi mümkün mü? Hepimizin bildiği ve tarif ettiği gibi duygular anlatılmaz, bedenle bütünde zamanında yaşanır arkadaşlar.

Bilinci kimler oluşturur, bilincin zamanını kimler oluşturur: O zamandaki ana sorunlar, enerjisi yüksek olanlar, taraftarı çoklaşanlar, bizim öncelik verdiğimiz seçeneklerimiz, sorunlarımız. Sosyal

canlılarsak beynimizde sosyal işlemektedir. dış dünyada kurduğumuz gerçeklik hızlı beyin alanında düşlediğimiz yolundadır. İşte burada rüya görmemize neden olan konularda, beynimizde, yaşantımızda fazla zaman almış, farkında olsak da olmasak da tüm vücudumuzda, beynimizde enerjisini yükseltmiş, çoğaltmış, bağlantılarını arttırmış, farkındalığa çıkma enerjisini oluşturmuş durumlardır. Görülebileceği gibi, her rüyanın nedeni beyin sapının spontane salınımı olmasa gerek. Zaten daha açık bir bakışla yaşadığımız gerçekliğimizde bir çeşit bilinç halidir. Ve de ikisine de rüya diyebiliriz yani. Aradaki fark işleyiş ve içerik farkından başka birşey değildir. Esasen farklı bir beyin işleyişi olduğunu rahatlıkla söyleyebiliriz. O nedenle uyku ve uyanıklık halini, rüya ve yaşantımızın arasını büyük bir gizem gibi görmek son derece hatalıdır. Bilincimizi saptırmaktan, zaman kaybettirmekten başka işe yaramaz. Burada şunu da görmek lazım; zaman zaman hayatın anlamsız bir düş olduğunu düşündüğümüz olur. Ancak bu doğru olmamalıdır. Çünkü: Bu evrende, kainatta enerjimizle, bütünsel organizasyonumuzla kendimizi anlamaya ulaşmışsak ve de buna düş diyorsak, o halde düş ne anlama gelmektedir? diye tekrar sormamız icabeder arkadaşlar. Uzay-zamanda böyle bir enerji alanıyla düş olmuşsak, bir şeyler olmuşuzdur. Varızdır, her oluşum ayriyetten kendi doğasında anlamlıdır. Hayatta öyle, belki de canlılar olarak kendimizi evrenin en ileri evrensel enerji alanları olarak görmeliyiz. Canlılar evrenin en anlamlı oluşumlarıdır. Tekrar ediyorum hayatı anlamsız, düş olarak görenler, evrende daha anlamlı neyi gösterebilirler? Bunu düşünün.

Einstein, enerjinin kütle ile ışık hızının karesiyle çarpımına eşit olduğunu, böylelikle madde ve enerji arasındaki bağı kurmuş, maddenin enerji, enerjinin de maddeye dönüştüğünü göstermiş ve maddeyi alanın yoğun bulunduğu uzay parçası olarak değerlendirmiştir. Burada enerji de evrenin yoğunlaşmış alanıysa, maddenin de enerjinin daha fazla yoğunlaşmış alanı olduğunu biliyoruz. Yani: **madde= enerji**. İster yoğunlaşmış alanın, isterse enerjinin diyelim adı üzerinde enerjinin iş yapabilme potansiyeli vardır. Canlılıkta enerjisini bu

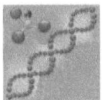

ortamda kullanır. Yani, bedenimizdeki enerji dönüşümü ve iş yapabilme potansiyelinden. Canlı (ör: ışık, ses, kimyasal, elektriksel, yani her tülü enerji dönüşümünden oluşmaktadır. Canlılık: maddedeki doğal enerjinin, atomlardaki enerji durumunun organize olmuş halinden başka birşey değildir. Ve bu ENERJİ ALANININ DOĞAL OLARAK İŞ YAPABİLME POTANSİYELİ VARDIR. Başka bir anlamla, ifadeyle bizler organize olmuş, organize işleyen makro moleküleriz arkadaşlar. Evrenin en hızlı evrimleşen enerji alanlarıyız. Ayrıca evren enerji alanıysa, canlı enerjisini nereden alır sorusu temel olarak anlamını yitirmektedir. Canlı için içinde bulunduğu ve sistemde kullanabilmeye evrilmiş tüm enerjilerden faydalanır. Işık, ses, kimyasal dönüşüm gibi. Bilginin de, bilincinde enerji olduğu rahatça görülmelidir. Arkadaşlar bunu düşünün!...

Esasen kimyasal etkileşimler, sonuç olarak elektriksel etkileşimlerde olduğundan ve de bilimsel düşünceyi tanımlama kolaylığı olsun diye parçalı düşünmek doğru olmayacağından bunu da bütünde ele almalı ve de canlıdaki kimyasal-elektriksel etkiler etkileşim örüntüsü içinde olduklarından, evrimsel zamanda organize olduklarından çıkan etkiler yeni etkilere neden olmaktadır. Böylece, yoğun etkileşim ağıyla örülmüş olduğumuz görülmektedir. Yoğun aktivasyonla, sayısız moleküllerin işleyişleri ve de sistemlerin etkileşimleri doğanın muhteşem oluşumu olan canlılığı ortaya çıkarmıştır.. Canlılık dediğimiz organize büyük molekül olarak bütün sorunlarında maddenin doğasında olduğu gibi, enerji sorunu olduğu görülmektedir. Yani, psikolojik dediğimiz tüm sorunlarda esasen enerji ve enerji bütünlüğünün işleyişiyle ilgili sorunlar, sonuçlardır. Düşünce de enerji olarak küçük alanda başlar, yeni bilgilerle beynimizde sinaptik bağlantılar zamanda güçlenir, artar, kısaca nöronal plastisite denilen tüm yollarda düşüncenin bağlantılarıyla enerjisi yükselir. Tabii düşünce hangi duygulardan kaynak alır, bağlantı kurarsa, hazırda olan bu duygu sistemlerinden destek alır, ve düşüncenin enerjisi yükselir ve zihin zamanında dolayısıyla zamanda gelişir ve de zamanda fark yaratır. Tek hücreli canlının enerjisine kıyasla çok hücrelilerin ener-

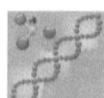

jilerinin ve iş yapma yeteneğinin daha yoğun olduğunu görürüz. Sinir sistemiyle, sinir ağlarıyla donanmış çok hücreli canlıların bölgeler arası haberdarlığı da hızlandırılmış olur. ("DUYGUNUN MOLEKÜLLERİ", Candace Pert'in bu kitabını okumanızı tavsiye ederim).

ZAMAN

Einstein, ölçen ve ölçülen arasındaki hız farkını zaman olarak değerlendirmiştir. Bu tanımlamaya uzaysal alanlar arası hız farkı olarak da bakmalıyız. Bu durumda, en kısa zamanın **"plank zamanı"** olması da gerekmiyor. Ve zaman: Uzayı oluşturan tüm alanlar arası hız farkı olarak görünür. Sadece madde ve enerji değildir, zamanda söz konusu olan. Evrensel alanlar arası farklılaşan enerji halinde yoğunlaşan uzay alanı, farklılaşmayla zamanın belirginliğinin

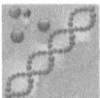

artmasına neden olmakta gibi görünmektedir. Arkadaşlar, bırakın canlılığı, içinde bulunduğumuz evrende, daha büyük ifadeyle uzay da evrimleşmektedir. Evrimin evrensel yol olduğu, evrenimizi de var eden uzaysal kavramdır. Budistler binlerce yıl önce doğanın özünde aynı olanın farklılaşmasıyla oluştuğunu söylemişler. O zamanlar daha kavram olmadığı halde evrim gerçeğini işaret etmişlerdi.

Canlılar organize makromoleküller olarak ağırlaşan kütlemiz hızlı elektro kimyasal, elektromagnetik etkilerle titreşmekte bizi biz yapanında, ortamda fark edilişimizin de alanlar arası hız farkı, evrimsel süreçte organize olmuş enerji farkı olduğu görüntüsü vermektedir. İlkokuldaki deneylerden hatırlıyorsunuzdur varta pilinin + ve – birlikte dilimize değdirdiğimizi ya da benim hafif elektrik çarpması kazasıyla karşılaştığım olayda, elektrik anında vücudumun her yerindeydi. İletken olduğumuzu biliyordum bu olayla bizzat yaşadım. Elektron akışı tüm bedenime enerji yüklemişti. Şansım varmış ki, düşük potansiyel farkta elektron akışıydı, potansiyel fark düşüktü. Bu kaza bana farklı şeyler hissettirdi. Algılarımızın, hislerimizin enerji düzeyiyle alakası olduğunu gördüm. Bizler enerji alanı olarak enerji düzeyi farklılıklarının da, Farklı enerjilerdeki moleküller oluşumlarının da farklı bilinç alanlarına neden olabileceğini düşündüm. Zaten, bilgi ve tecrübe, enerji birikimi anlamına gelmektedir. Doğamızda, mekanik ortamda elektriksel hızda var olduğumuzu görürüz. Buna da uzun zamandan beri ruh diyoruz. Çünkü, algıladığımız mekanik alandan farklı bir durum olduğunun bilincindeyizdir. Yani rahatlıkla ruh dediğimiz, ruhumuzun iletkenliğimiz olduğunu söyleyebiliriz. Gerçekler her yönden enerji fikrinde birleşmektedir. Yani, madde alanımız bedenimiz, enerji alanımızda ruhumuzdur. Tüm bu etkileşimlerde yoğun enerji işleyişiyle uzay-zamanda varlığımızı oluşturmaktadır. Einstein, maddenin alanın yoğun bulunduğu uzay parçası, ve bu alanla etkileşen enerjinin de daha az yoğunlaşmış uzay alanı olduğunu ünlü; $E=M.C^2$ denkleminde ispatlamıştır. İŞTE, MADDE İLE ENERJİ ALANINDAKİ BÜTÜNLER BENZERLİK NE İSE, BEDEN-RUH ARASI BENZERLİK DE

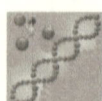

ODUR. Elektro-kimyasal, Elektro-magnetik hızdaki bilincimiz, mekanik hızda daralan bedenimiz ve bu hız farkının karşılıklı etkileşimi de KAOTİK etkilere neden olmaktadır. Bu Sonuca ÖZGÜRLÜK kavramı da denebilir. MATRIX filminde ajan simit neo ile karşılaşmasında söylediği gibi, "Özgür olduğumuz için değil, özgür olmadığımız için buradayız". Zihnimizin, ruhumuzun, bilincimizin elektriksel hızına mekanik ortamımız yetişemeyeceğinden evrimsel süreçte oluşan bu zamanı, birçok duygu ağıyla ve beynin çoklu işleyişiyle örerek zamana bütünlemiştir. Elektromagnetik alan olan bilincimiz farklı hızları bileştirerek bizlere özgü zamanımız oluşmuştur.

Zamanda oluşan canlılar olarak hız farkı, zaman farkının oluşturduğu boşluklar, hatalar sürekliliğin sağlanması, edindiğimiz bilgilerden, felsefelerden daha önce zamana yayan duygu sistemlerinde zorunlulaşmıştır. Yani, elektro-kimyasal hızla mekanik hızı sağlayan, aradaki bağlantıyı kuran, beynimizin çoklu bölgelerinin işlemesi ve zamana yayılıp zamanı uyumlayan duygularımız evrimleşmiştir. Tabii duygular temel davranış modellerimizdirler. Atalarımız konuşmaya başlamadan önce, kendilerini beden dilleriyle, ses tonlarıyla, beden halleriyle ifade edebilmiş aralarında bağlantı kurabilmişlerdir. Bugün diğer canlılar hala bunu yapmaktadır arkadaşlar. Tabii duygularımız sadece bu nedenle oluşmuştur diyemeyiz. Çünkü, canlılıkta oluşan hiçbir şey tek nedene bağlanamaz. Zaten, ifade edilen durum bile tek neden değil; nedenler topluluğudur. Duygularımız temel beden dillerimiz olup, bu gibi daha ilkel yapıların üstünde yüksek bilinç inşa olmuş, evrimleşmiştir.

Tesadüf dediğimiz durumların da daha kapsamlı olasılıklar bütünü olduğu görülmelidir. Her şey tesadüfle izah edilemez, bunun zaten bilincinde olduğumuzu görebiliyorum. Tesadüf konusu üzerinde net bir bakış oluşturamama rağmen, tesadüf denilen olayların daha geniş zamanda sınırları nerededir? sorusunu cevaplamadan ki çok zor bir soru, bu soruya yanıtın bölgesel düzeyde kalacağı görülmelidir. Öyle ya evren etkileşim ağıdır ve o da daha büyük uzay

içinde evrilmektedir. Bilimsel görüşler buna işaret etmektedir, sayısız, sonsuz evrenlerden bir tanesinde yaşıyor olabiliriz. Tesadüf olduğu düşünülen bir örnekte nükleer bozunmadır. Kütlesel olarak yarılanma ömrü olmasına rağmen, tek bir atomun nükleer olarak bozunmasının kendiliğinden, tesadüfen olduğu, dış etmenlerin olmadığı sanıldı. Oysa, bunun böyle olmadığı Güneşteki aktivite değişimlerinin ve hatta güneşin dünyaya olan konumunun yani dünyamızın güneşe olan konumunun bile nükleer bozunmayı etkilediği, değiştirdiği gözlenmiştir. Bölgesel olarak, spontane gibi görünse de daha geniş alan ve zamanda enerji alanlarının etkileşimi kaçınılmaz görünmektedir. Bu durumda, Schrödinger'in kedisini bir daha düşünün, saçmalık olduğunu görün. Sadece bu anlamda değil, durumu etraflıca düşünün? arkadaşlar.

***

Bizler, farklı hız alanlarından oluşan yapımızda bu alanlar arasında sürekliymiş gibi bir zihin algısı oluşturmamız, hem yoğun aktivasyon hem de düşüncemizi sürekli akılda tutmak yerine, ki o zaman zihin bütünlüğü ve bu bütünün enerjisinden yeterince faydalanamayacağımız gibi, herhalde bilincimiz kaostan istenen ölçüde kurtulamaz, kabus gibi bir zamana sıkışırdı. Evrim sürecinde hırsla, inançlarla, ve diğer bütün duygularla zamana yaymış, zaman farklarındaki alanlara uyumlamıştır. Doğada var olduğumuz elektriksel hız alanıyla mekanik hız arasında bağlantı kurulmuş, oluşmuş olur. Mesela, düşüncelerimizde yapacaklarımızı kafamızda hızlı bir şekilde kısmen kurabiliriz, ancak yaşadığımız mekanik doğa şartlarında bunu o hızda uygulayamaz ve de zamana ihtiyacımız olduğunu biliriz. Duygularımız, insanı zamanda hazırlayan zamana motive eden ve de enerji yükleyen evrimsel sistemlerimizdir. Evrimdaşlar, siz de düşünerek daha fazlasını görün. Hırs, ego aynı zamanda enerji yüklemelerdirler. Hemen her duygu için bu durum geçerlidir. İnanç da bir duygudur. Yapacağını anında tamamlayamayacağın gibi tam olarak da bilememekten zamana uzatılmış yönelim, bunu sağlayacak enerji birikimi ve motivasyonumuzdur. Örnek: umutlarımız gibi. Şu da

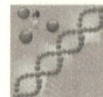

söylenebilir egomuzu oluşturan parçalarda (Hırs, öfke, arzu...) bir anlamda enerji yüklemeleridirler. Geleceğinizle bağlantı kuran, zamanlayan etmenlerdir. Görünen o ki elektro-kimyasal hızla mekanik hız arası bağlantı kurulmuş olup, tüm bedenimiz ve işleyiş şeklinden vücut bulmuş duygularımızda bilinç sürecini sağlayan evrimsel oluşumlardır. Tekrar hatırlatayım sadece bunun için evrilmişlerdir şeklinde asla diyemeyiz. Onlar üzerine yüksek bilinç inşa olmuş, evrimleşmiştir. Tüm düşüncelerimiz, davranışlarımız ve inandıklarımız beyin inşasını etkilemekte ve geleceğimizin dokunmasında enerji sağlamaktadır, etki etmektedir. ZAMANIN RUHU evrimimizi entegre etmekte ve hatta bütünlük işleyişinin seçimi olarak gen seçilimini etkilemektedir. Bizler her ne kadar bağlantıyı görmesek de, evrenimizde herşey etkileşim örüntüsündedir. Bir yönüyle tanrı inancı, düşüncesi de insanların gelecekteki evrimini hayal etmeleridir. O yenilmez, güçlü, evrenin hakimi, ölümsüz... olarak görmesinden de kaynaklanmaktadır. (Gölgelerin gücü adına, güç bende artık... He-man vede atılgan) İnsanın bu inancı kendi geleceğinin hayal figürü inancından parçalar içermektedir. Unutmamak gerekir ki inanç bir duygudur, ve hiçbir duygu, düşünce, olay tek nedene bağlı değil; nedenler topluluğudur. Bu nedenler topluluğunu içinde bulunduğumuz bilinç hali ve zamanın ruhuna göre bir tarafından ağırlaştırır, daha yoğun algılarız. Böyle olmasının önemli bir nedeni bulunulan ortamın etkisinden kaynaklanmaktadır. Zihin enerjimizin kaçaklarından sıyrılıp, yoğunlaştığı durumlarda bilincimizin genişlediğini ve enerji yükselmesiyle daha organize olduğunu görebiliriz. İşte, budistlerin saf zihni meşgul eden güncel sorunların zihnimizi örten bulutlardan ima ettikleri de bu durumdur. Doğaya, saf bilinçle bakmayı özlemişler ve bu yolda kendilerini geliştirmişlerdir. Ancak, bilimsel ortak bilinçten uzak kalmak onu da ortama katmak gerekmektedir. Bunun farkına varan Dalay Lama bu yönde adımlar atmaktadır. Budistler, bilimle çok aşama kaydedebilirlerdi. Düşünsenize, bedenini eğitmiş budistlerden bilim adamları. Sanırım hep birlikte bilim çok hızlı ilerlerdi arkadaşlar.

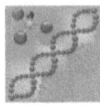

KAOS VE İNANÇ

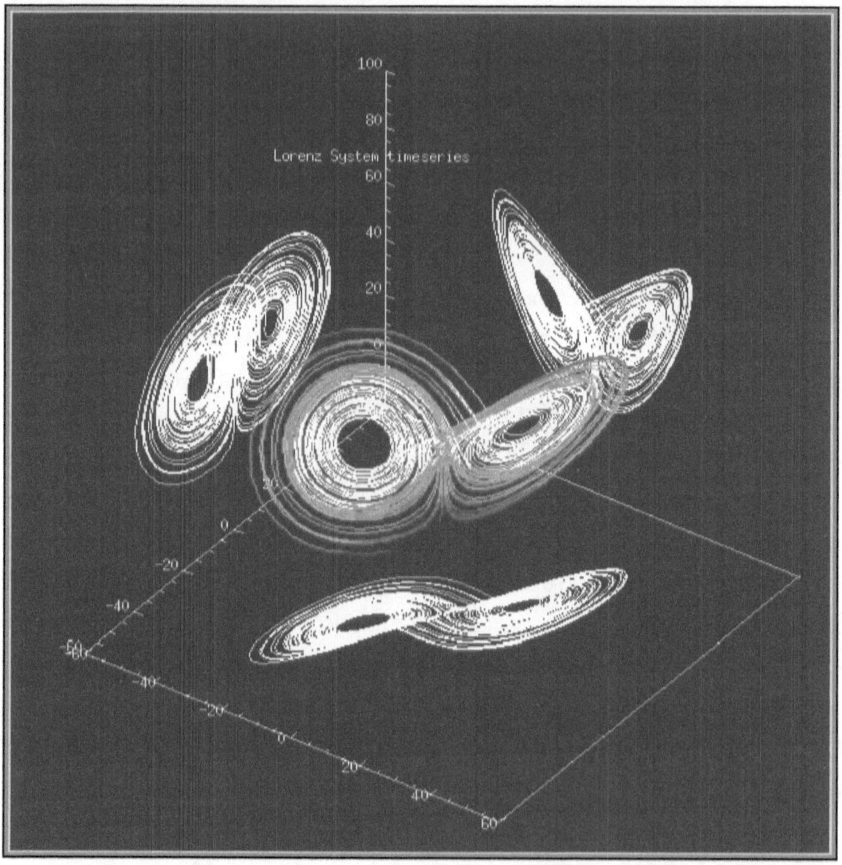

![Lorenz System timeseries grafiği]

Beynimiz evrenin doğasındaki kaotik sistemler gibi işlemekte ve aslında evren gibi işlemekte desek daha anlamlı olur ve de düşünceler değişirken, ufak çaplı kaos oluşmakta, bazen de büyük kaos büyük sarsıntılar oluşmakta, bu kaostan yeni bir düzen ortaya çıkarken arada oluşan boşluk, anlamsızlık, bağlantısızlık hissi yeni bağlantıların oluşabilmesi için tamamen nörmal karşılanmalı, ilkel düzeylerde panik yapmadan oluşacak yeni bilinç düzeyine izin, zaman verilmelidir. Bunun gelişimimiz için süregelen bir durum olduğunu, beyin bağlantılarının yeniden şekillenmesinin zaman alabileceği ve bu

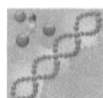

boşluğu duyguların doldurmasına izin verilmeli, doğada, parklarda dolaşmaya çıkmalı ancak mümkün olduğu kadar endişe azaltılmaya çalışılmalıdır. Bu durumun bu depremin büyüklüğü kişinin açık zihinle fark edebilmesine bağlıdır. Aksi durumda, bu deprem çok hafif sürmekte, yaşanmaktadır. Evrendeki temel kararsızlık halinin isterseniz buna bir yönüyle entropi de diyebilirsiniz, daha doğru ifadeyle kaos da diyebilirsiniz. Beynimizde bu temel kararsızlık halinin yeni denge sağlanmasının tüm psikolojik (elektromanyetik) yapımız için son derece önemli olduğunu, geçinme derdinde iken geçinme zorluğunda iyi bilinç düzeyine ulaşamamış ve de canlılığı anlayamamanın verdiği kaostan sıyrılmanın ve kendi düzenini oluşturmanın en basit ve kararlı yollarından biri tanrı inancıdır. Benim babam hacıdır. Ben de köyde birçok arkadaşım gibi (Rizeli olduğumu belirteyim) çocukluğumu camilerde geçirdim. Namazımı kıldım, orucumu tuttum. Fakat bilinçlendikçe, beyin üzerinde, uzayzaman zaman üzerinde, Kuran'ın türkçe açıklaması üzerinde düşündükçe hiçbir dinin asla doğruları yeteri kadar içeremeyeceğini gördüm, dogmatik olduklarını gördüm, fark ettim. Peygamberlerin de birer dahi olduğunu o zamanlardaki insanlık sorunlarını kendilerine yük edip üzerinde düşündükleri için minnettarlık duygumuzu insan olarak esirgeyemeyiz ve de hala o düşüncelere yönelen insanları yaşamış biri olarak çok net anlıyorum. En doğru yolu takip etme ve bunu da insanlara anlatabilme amacındalar. Bunu çok iyi biliyorum. Ancak daha öncede belirttiğim gibi gezi park halk hareketinde (keşke ben de sokaklarda gezi park halk yürüyüşüne fiilen katılabilseydim, Rize'de bunun önünü hemen tıkayıp engellediler, nedeni malumunuz arkadaşlar) bir yazı bana çok çok anlamlı geldi ve gezi park yürüyüşüne katılımın ortak fikrini özetler gibiydi. "CENNETE GİTMEK İSTEYENLERİN CEHENNEME ÇEVİRDİĞİ DÜNYADA YAŞIYORUZ" İşte, bu her şeyi çok net özetliyor. Tanrı inancının önemli nedenlerinden biri de insan anlayamadığı beyin kararsızlığını basitçe kararlı hale getirmek ve beyinde denge oluşturmaktır. Madde-Enerji, Mekanik-Elektrik alanlar arası hız farkları

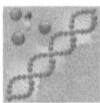

ve de evrenin doğasından kaynaklanan, yani kısacası zamanın olduğu alan kaotiktir. Ve biz canlılar olarak bunun üstesinden gelmenin zorluklarının bizi ittiği durumları anlamaya başlıyoruz. Temel anlamda zamana yayılacak düşünceyi bütünleştirip devamlılığını sağlayan duygularımızdır. Aradaki bağlantıyı sağlar ve zamana yayarlar ve de beynimizde amaca yönelik kararlılık oluşur. İşte, bu evrimsel süreçte evrimleşen, oluşan inanç duygusu çok çeşitli nedenlerle tanrı inancına da neden olmuştur. Her duygu gibi, inanç duygusuna da sınırsızlık hakim olmalıdır. Aksi, çok sıkıcı olur ve de evrimin, zamanın olduğu alanda düşünülemez. İnanç, sadece tanrı inancı için değildir. Zamana yayılmak durumunda olan her düşünce, her eylem kararlılık için inanç duygusunun desteği ve enerjisini zorunlu hale getirir. Mesela, gezi park halkın yürüyüşüne inanmadan yapılabilir miydi? Bunu düşünün! İnanç düşüncesini sadece dogmatik yollara sabitlemek değişimi ve gelişimi zorlaştırmakta, aynı durumları tekrar tekrar yaşamak sabit davranışlara ve sonuç olarak sabit fikirliliğe neden olabilmektedir. Ve de kişi kendine değişime dirençli bir yaşantı şekli yaratmaktadır. Ve de tüm canlılar adına ciddi zaman kaybına neden olmaktadır. Kişi beyin bütünlüğünü, çocuklukta yöneltildiği ve zamanda destekleyip ördüğü gerçekliği sarsılmaya başlayınca, çevresinin de etkilemesiyle, etkileşimiyle yine o inanca o düşünce şekline sarılmakta gecikmemektedir. Yoksa, her insan tanrı inancını sorguladığını, aklından geçirdiğini ancak dinden çıkarım telkinine boyun eğdiğini biliyorum. Bu durum, toplamda plasebo etkisi gibidir ve bir yönüyle de normaldir. Çünkü, en az enerji harcayarak iş yapmak evrenin doğasından gelir. İnanç da en kolay yoldur. Oysa bilgi edinme, bilinçlenme uğraş, emek ister, çok enerji, zaman ister. Geçim derdinde her insan bu zamanı bulabilir mi ki? Onun için kolay yolu seçmeye zorlanırlar, aksi durumda da zihin kaosundan etkilenirler. Aslında, bu yola ihtiyaçtan zorlanırlar. Görünen o arkadaşlar. Dini dogmalarda ki, insanlar gerçeği ertelemekte ve gerçekte olansa hazıra konmaktalar. Bilim buluyor kabul etmiyorlar, aradan onlarca yıl geçince, durum kendi gerçekleri oluveriyor, bunun farkı-

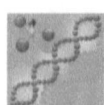

na varamıyorlar. Başta engelliyorlar ancak yine o yolu geriden de olsa izliyorlar. Ve hatta felsefenin, bilimin henüz çözemediklerini dogmatik inançlara, tanrıya atfedip siperlerini de, savunmalarını da fark edemeseler ya da fark etmek istemeseler bile yine bilimden edinmektedirler. Arkadaşlar! İnsanımızın bu denli geçim zorluğu içinde basit yolu tercih etmelerde çok doğaldır. Doğal olmayansa, zamanla ipin ucunu iyice kaçırıp fanatikleşmektir. Esasen, dini şartlar ve tekrarlamalar olmasa, iyi bir felsefe gibi de görülebilir. Ancak, maalesef arkadaşlar sonuç hep aynıya gidiyor. Bu sistem, insanlarında zaafıyla eninde sonunda şiddete neden oluyor, şiddeti bir nevi savunmak zorunda kalıyor. Eğer, bunlar olmasa fena da olmaz yani, hani bir kısım insanın şimdilik buna ihtiyacı var. Sorun fanatikleşmedir.

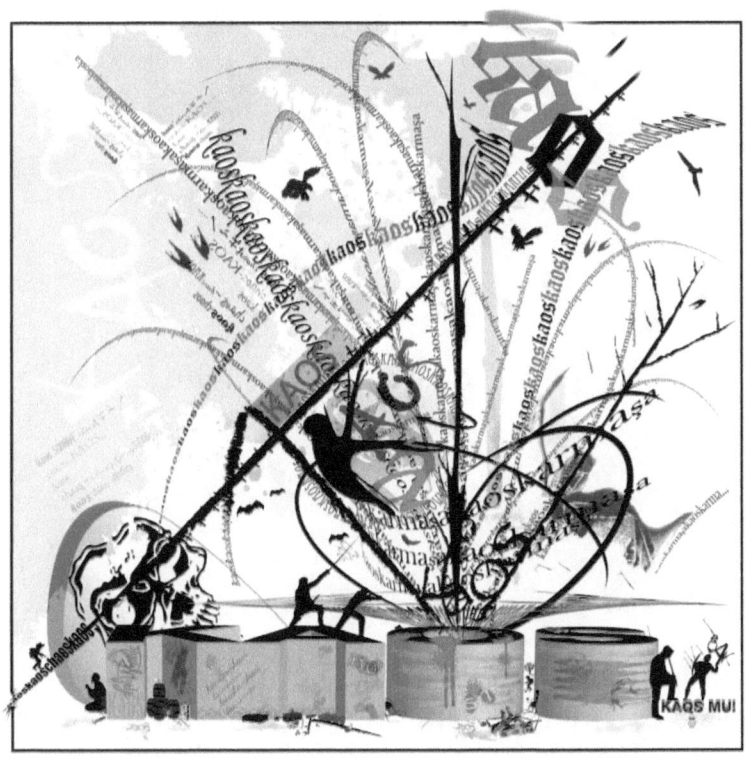

En acı olan tarafıysa, gerçekliği sorgulamanın anlamından kopuk basit bir döngüyü benimsemek, sorgulamadan biat etmek ve bu şekilde kendine olan güven duygusunun abartılmasıdır. Bu gelecek için boşa harcanan zaman ve de enerji anlamına gelmektedir. Dogmatik yollarda harcanan nice zekalar üstün akıllar vardır. O arkadaşlarda enerjilerini sabitlemeyip bu zekanın parıdaması için bilimin, felsefenin yoluna enerji harcasalar ne süper olurdu. Yazık oluyor o zekalara, yazık arkadaşlar.

EGO

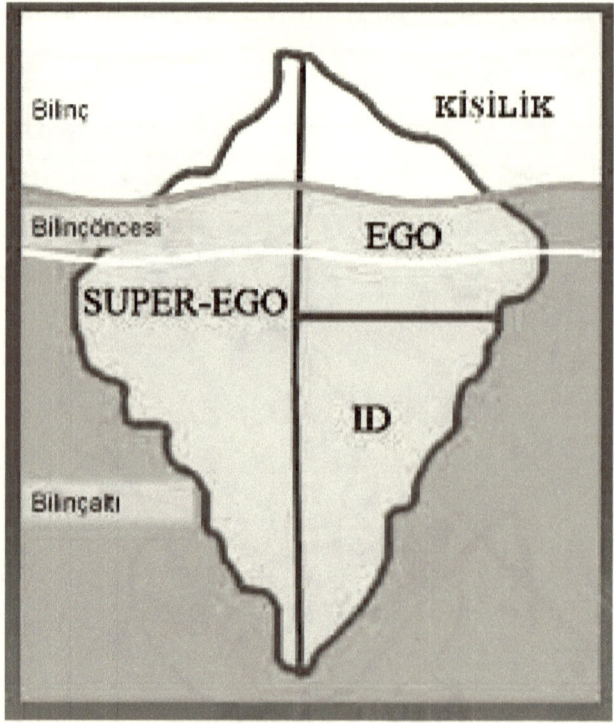

Arkadaşlar, düşünsel olarak hep egomuzu yok edelim deyip dururuz. Ancak biz istiyoruz diye ego yok olmaz. Ve olmamalıdır da. Esasen ego enerji yüklemesidir de, savunma sistemidir. Egoyu yok etmeye anlamsızca enerji harcayacağımıza, egonun olumsuz işleyişine neden olan etmenleri görüp bilinçlenmek doğrusu olmalıdır. Çünkü, egomuz aynı zamanda enerji ve güç yükleyici temel dinamiklerimizi de içerir. Bu enerjiyi doğru yönlendirmek anlamlı olmalıdır. Yoksa doğa egoyu bizim istememizle yok etmez, başarısız olmuşuz gibi gözükürüz. Hatalı egonun ciddi olumsuzluklar doğurduğunu kavramamız ve de daha bilinçli gerçekliğe bakabilmemiz gerekmektedir. Seçeneklerimizi yüksek bilincimizle yönlendirmeliyiz. Şunu da anlamalıyız ki, bilincimizi evrimleştirdikçe, bazı inanç ve düşünce şekillerinin olmazsa olmazdan.. Bu olmazsa insan ne yapar gibi, boşlukta kalır gibi düşüncelerin yersiz olduğunu ve de o bilinç haliyle yaşadıklarını, o bilinç şeklinin sonuçları, kendi oluşturduğu ihtiyaçları olduğunu da görmeliyiz. Beynimiz, evrenin doğasındaki kaotik sistemlerin belki de en hızlısıdır. Kaos olmadan değişim olmaz, çünkü yeni düşünce şekli beyin bağlantılarının ve diğer tüm düşüncelerin yeniden şekillenip güncellenmesine, yeni anlam, bilinç şekline neden olacaktır.

Yeni düzen ortaya çıkarken, aradaki boşluk hissini normal karşılamalı, bunun değişim ve evrim için süreğen durum olduğunu görmeliyiz. Yeni doğan çocuğunda kaostan düzene bir oluşum olduğu düşünülebilir. İşte değişime direnç oluşturan temel etmen kaosun neden olduğu boşluk, anlamsızlık hissidir. Bunu bilincimize çıkardığımızda durum farklılaşacak, farkına varılacaktır. İşte arkadaşlar doğamızı anlamanın, canlılığın ne olduğunu ve işleyişini kısmen de olsa görebilmenin ne derece etkili olabileceğini görmemiz önemlidir. Bu durum, bakış açımızı değiştirip evrimsel yolumuzu ve zihin zamanımızı ileriye taşır. O zaman, mekanik ortamdaki yaşantı anlamımızda değişecektir diye düşünürüm. Hepimizin fark ettiği gibi kararlılık ya da denge diyeyim daha anlamlı olur. Denge hepimizin istediği temel durumdur, bunun neden olduğu beyin, beden işleyişi mutluluk ve huzuru getirmektedir. Yani insan bunu fark etmese de denge durumu birincil isteğidir. Zaten, toplumdaki tartışmalar, bilgi alış/verişi enerji dengelemesiyle alakalıdır. Ancak, kaotik sistemlerde,

evrimsel sistemlerde dengenin sürekliliği eşyanın tabiatına aykırıdır. Denge, yeni kaosa ve yeni dengeyle evrimleşir ve aradaki zamanlarda denge sağlanabilir. Aksi durumda gelişme olamazdı.

Anksiyete bozuklukları, stres veya depresyonda antidepresanların sinaptik aralıkta yükselmesine rağmen, iyileşmenin buna eşlik etmeyip, 3 hafta ortalama bir süre göstermesi, Beyin hasarlarındaki iyileşmenin 21 günlük süresiyle uyumludur. Yani, depresyon tedavisinde sadece sinaptik aralıkta yükselen serotonin veya diyer nöroileticiler birçok nedene bağlı olarak iyileşmeyi kısa sürede başlatamamaktadır. (tabii ki depresyonun süresi ve kişisel farklar önemlidir). Beyinde kurulmuş olan güçlü depresif işleyişin zayıflatılıp, o yolakların dallanıp budaklanan bağlantılarının azalması yanında, pozitif düşüncelerin dallanıp budaklanması ve yeni bağlantılar oluşturulabilmesi için yani nöron bağlantılarının yeniden şekillenmesi için zamana ihtiyaç vardır. İyileşme zamanının ortalama 21 günlük sürede belirmeye başlaması anlamlıdır. Stresli durum altında enerjimizi olumsuz düşüncelere kullana kullana o yolaklar dallanıp budaklanmakta ve kalınlaşmakta ve de diğer birçok etkilerle güçlenmektedir. Bizim sosyal oluşumuz, bunu oluşturan beyin nöronlarımız için geçerlidir. Enerjilerini ve bağlantılarını kısaca varlıklarını bu yolla güçlendirirler. Onun için, negatif alanlara kaçan enerjimizi, negatif işleyişi güçlendiren enerjimizi anlamalı ve enerjimizi bilinçli olarak da yönlendirmeli, o alana fazla enerji sağlamamalıyız. Her ne kadar elimizde değil diyorsanız da, bu durum bilincin etkisinden ayrı tutulamaz. En basit ve en etkili çözümlerden biri negatif düşünmenize neden olacak ortamlardan ve kendi kendinizce takıldığınız bu düşüncelerden kendinizi uzak tutup, o yolakların dallanıp budaklanmasına neden olacak enerjiyi kesebilmenizdir ve görürsünüz ki hafızanızda zamanla daha az yer almaya başlarlar. Ve böylece onların sürekli düşüncenizi işgal ederek ve hatırlaya hatırlaya güçlü bir öğrenmeyle kişiliğimizin bir parçası olarak kabul etmemeliyiz. Yaşadığımız ortamı da tekrar gözden geçirmeliyiz. Bu bilinç halinin kendisini fark etmesi işleyişi olumlu yönde etkileyecektir diye düşü-

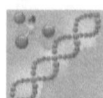

nüyorum evrimdaşlar. Tabii ki psikolojik yardım alınmalıdır. Zaten, psikoloji ve psikiyatri birbirinin bütünleridirler.

Matrix'te kahin'in mimar'a söylediği gibi: "DEĞİŞİM DAİMA TEHLİKELİDİR" ancak arkadaşlar, olması kaçınılmazdır, evrimin gereğidir, doğanın gerçeğidir.

***

BÜYÜK PATLAMA

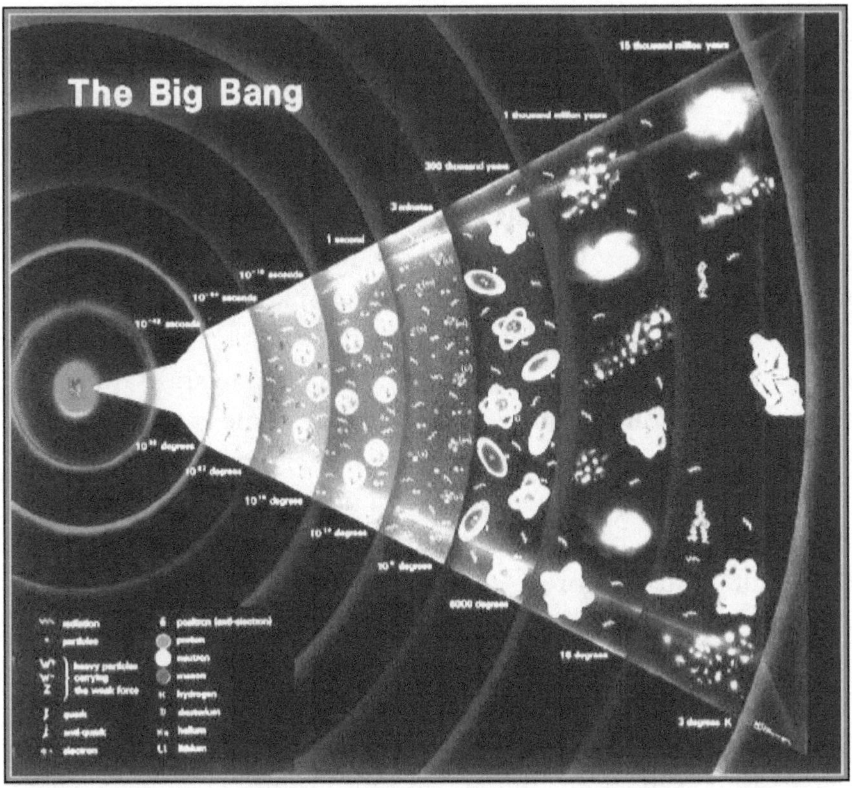

![The Big Bang]

Büyüklük ve küçüklük bizler için daima yanıltıcı olmuştur. Buna haliyle zaman da dahildir. Evren uzayın içinde büyük bir patlama ve o enerji evrimiyle bu günkü boyutunu başlatmış olabilir. Kaldı ki,

patlama evrenin her alanında zaten gerçekleşen olağan bir enerji hareketliliği durumudur. Ancak, böyle bir patlama olmuş olsa bile, buna evrimsel bir süreç olarak bakılmaya başlanmıştır. Ayrıca gözler önünde var olan evrensel bir görüntü var ki, o da yıldızların maddeleşme evrimine, Einstein'in düşüncesiyle alanın yoğunlaşmasına olan katkıları. Öyle görünüyor ki maddeleşme dev karadelikler etrafında yoğunlaşmakta ve de yıldızlaşmakta, gök adaları oluşturmaktadır. Sanki, güçlü çekim alanında bir şeyler soğurulup artıklar tekrar uzaya fırlatılmakta, hani bana rafineri olayını anımsatıyor, bilemiyoruz. Maddeleşme, yoğunlaşma olayının uzayın hangi aşaması olduğunu bilemiyoruz ve evrenin nereye evrileceğini göremiyoruz. Yıldızlar, yıldız oluşumu ve dağılımı evrenin evrimini sağlayacak enerji birikimleri ve yoğunlaşmasını sağlayacak güçleri oluşturuyor gibi gözükmektedir. Evrimleşen bu sürecin geçmişine yönelirsek, belki de kuarklardan elektronlara ve de her türlü alan yoğunlaşmasına sanki daha ilkel yıldızların oluşup evrenin o dengelerinde yoğuşup, patlayıp evrenin enerjisini dönüştürmekte ve zamanla yeni tip yıldızlaşmalarla evrim sürmekte ve evrenin dengeleri, alan etkileri değişmekte gibi görünmektedir. Doğal olarak, bu alan etkileriyle evrenin farklılaşması ve yeni etkilere neden olması yani evrimleşmesi süreci işlemektedir. Yoğunlaşan her alan da evrime enerji sağlamakta gibi görünmektedir. Bu durumda elemanter, mutlak kabul edilen enerji parçacıkları evrimsel süreçlerin ürünü gibi görünmektedir. Belki de başlangıçlı ve sonlu olaylar evrenimizde anlamlı olup daha büyük uzay (bana göre bir tanımlamadır) alanında anlamsızdır. (Gerçi böyle bir düşünce de sonuç olarak anlamsız gözükmektedir ama bunu yazmak istedim).

Böylece, evren varlığını kavrayamadığımız boyutlardan evrimleşmiş olması olası gözükmektedir. (buna benzer düşünceler bilimde zaten vardır, yeni değil yani.). Bu durum, bize yokluktan oluşma kavramı gibi kavrayamadığımız bir tanımlamaya yöneltebilir. Belki de uzay'ı hiçbir zaman tam olarak anlayamayız. Uzayı tam olarak anlama kavramının bile ne anlama geldiğini bilemeyiz. Konu, uzay

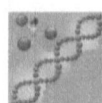

olunca insanın bildikleri doğrultusunda şekillenen hayal gücü çok basit kaldığı anlaşılabilen bir durumdur. Hiç bilemediğimiz alanın hayalini oluşturabilir miyiz ki? Jung'un arşetipleri gibi. Evren hangi evrimsel alanlardan geçmiştir ve geçecektir, kim bilebilir ki. (dogma anlayış cevabı bildiğini sanıyor). Zamanı alanlar arası hız farkı olarak görsek bile, hız farkının oluştuğu alanda zamana neden oluyor demektir. Göründüğü gibi, hiçbir durum ayrıştırılıp tek nedenlere indirgemeyle sonuçlanamıyor. Madde, alanın yoğun bulunduğu uzay parçasıdır. Bu anlaşılan, mantıklı gerçektir. Peki, yoğunlaşan alan, hacim nasıl oluşmuştur. Bunun da evrimsel bir süreç olduğu ve uzayın yaşını bilebilmenin de olanağı gözükmemektedir. Uzay alanına vakum desek de pek sonuca ulaşamıyor ve sorgusuz bir kabul daha şekillendiriyoruz. İşte, felsefe bilimlerin temeli olup bilimle karşılıklı etkileşimlerle gelişmekte olduklarını görmekteyiz. Arkadaşlar, uzay kavramının evrimsel bir süreç olduğunu, canlılıkta olduğu gibi uzay alanının da bütünsel etkileşimle evrimleşmekte olduğunu söyleyebiliyoruz. Geleceğin bilgileri neyi gösterecek merakla gözlüyoruz. Duruma sadece birimsel olarak bakmak, uzayın sadece sayısal olduğu yanılgısına neden olabilir. Gördüğümüz en mutlak bilimsel, felsefi gerçekliğin EVRİM olduğudur.

Evrime canlılıktan örnek verecek olursak, ilk canlıların ortamında atmosfer daha farklıydı, canlılık evrimi atmosferi de değiştirmiş, hem ortam canlıya, hem de ortamın parçası olan canlıda ortamı değiştirmiş evrimleşmiştir. Canlılık evrimini kısmi olarak yönlendirebilmiştir. Zaten olması gereken de budur. Bu uyarlama uzayın kendi evrimiyle de benzer görünmekte, evrim tüm çoklu evrenleri de etkilemekte ve alandan bütüne bütünden alana yayılan etkileşim bütün olarak süregitmektedir. Biz canlılarda ortamımızda evrilen ve de ortamı da evirebilen organize makro moleküller olarak gözükmekteyiz. Bu durumda, evrenin en ileri evrensel oluşumlarından olduğumuz anlaşılmaktadır.

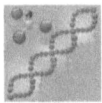

Arkadaşlar düşündürücü, paradoksal bir döngü gibi duran sadece sert kabuğa, sert hücre duvarına., bir nevi derisine odaklandığımız **"Tavuk mu yumurtadan? Yoksa yumurta mı tavuktan çıktı?"** sorusu evrimsel süreçte anlamını kaybetmekte, iyice düşünürsek paradokstan çıkıp evrimsel gerçekliği görünümü almaktadır. (Uzun uzadıya anlatmayayım da bir yönüyle ipucu vereyim, yumurta ne zaman tavuk yumurtası ve cenin ne zaman tavuk cenini? Uzun evrim zamanında bunu ayıklayabilir misiniz? Bizler, zamanı bölerek iletişim kuruyor, anlatabiliyoruz ancak bu durumun böyle durumlara sebebiyet verdiğini göremiyoruz. Artık böyle düşünmek normalmiş gibi algılamaya, gerçeğin öyle olamayacağını sorgulamayı unutuyoruz, evrimdaşlar). Zamanda oluşan ve işleyen beynimiz zaman hatalarının içinde yürüyecek gibi gözükmektedir. Bu temel bir hata gibi. Arkadaşlar, evrimsel zamanda tanrı cevabı da anlamını kaybetmiş, havada kalmış, dogmatik olduğu görülmektedir. Belki, bu düşünceye inanmaya devam edenler evrim gerçeğine uzak durmalarıyla ne kadar akıllı olduklarını, ancak akıllarını tek düşüncede sınırladıkları görülmektedir. Zaten, anlaşılamayan karşı düşünceler beraberce gerçeği görebilmenin yoludur, zihnimiz böyle odaklanabil-

mekte, karşılaştırma yapmaktadır. Hepimiz evrimin etkileşimleriyiz. Bu kaçınılmazdır. Şöyle basit bir soru soralım: (Tanrı'nın zati ve subuti sıfatlarını çok iyi biliyorum) eğer her şeyi, uzayı, evreni tanrı oluşturmuş ise, kendisi nasıl varlanmıştır? Eğer öyleyse bu kabul zaten kendi anlamını kaybettirmektedir. Sorunun kendi içinde anlamsızlaştığı, böyle bir sonuca varmanın bin yıllarca önceki yılların düşüncesi olan bir nevi töre olduğu günümüz verilerince anlaşılmaktadır. (Esasen günümüzde çoğumuz hatta hemen hepimiz bu inancı içsel olarak sorgulamaktadır). Evreni, tam anlayamayışımızın sonucunun basitçe tanrı yapmıştır, yönelimi hiç de anlamlı derinlik içermemekte, basit bir kabullenme binlerce yılların törelerinin devam ettiği görülmektedir. Zaten hepimizin bir nevi töreleri de vardır arkadaşlar. Tanrı inancı, kolaya kaçmanın sığınağı olarak kalkan oluşturduğu görünmektedir. Esasen, yaptırımları olmasa güzel bir durumdur da, rahmetli Cem Karaca'nın yorumu gibi "Allah'ta yar yar, Allah'ta yar yar, Allah'ta yar" ne güzel ifade etmiştir arkadaşlar.

Bana öyle görünüyor ki, bu da bir dengeleme ve bir yönüyle vicdanı hafifletme seçeneğidir. İnsanlar tam da bilincinde olmadan, biraz da eğilimleriyle menfaatlerinin isteklerini ona yükleyip, kolay yoldan taraftar toplayıp, güç elde etmenin bir yolunu bulmuş ve kendi kapital sistemini oluşturmuş gibi gözükmektedir. Belki de bazı devletlerin İslam'a sıcak bakabilmeleri müşteri ve de kapital sistemin devamlılığının getirdiği büyük taraftar toplayabilme gayretidir. Ne dersiniz? arkadaşlar.

Arkadaşlar, doğaya, insanlığa karşı işlenen en büyük suçlar, olumsuzluklar, kötülükler genelde bilincine varılmadan yapılanlardır. Bu çok anlamlı gözükmekte ve bilinçlendikçe kötülüğün önünde bilinçlilik durmakta, vicdan devreye girmekte ve hastalıklı, psikopatlar hariç bilerek kötülük yapmanın zorluğu durmaktadır. İnsanın doğasında iyilik her zaman canlı durmaktadır, bunu zaten biliyor, yaşıyoruz.

Toplumların din adı altındaki egoistliklerini, törelerini fark etmesi, bölücülük yaptıklarını fark etmesinin insanlık geleceği, tüm

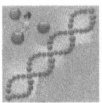

canlıların geleceği, tüm tabiatı açısından büyük anlamlar içereceği ve içsel olarak gerçek iyiliğe yöneleceğini biliyorum. Anlamsız kavgalarla enerjimizi bölmenin hiçbir canlıya faydası yoktur, olamaz da. Kendimizi, doğamızı, birbirimizi anlamayı seçersek, hepimizin birliği gerçeğini görürüz. Bu evrende hepimiz yoldaşız, hepimiz aynı evrimsel süreçten geçiyoruz, bu zorlukları hep birlikte aşabiliriz, birbirimize engeller oluşturarak sadece zaman kaybı yaşarız. İnsanları anlamaya çalışın, bakalım gerçekte kötülük yapan kimlerdir. Öldürme hissiyle donanmış psikopatlar dini değerleri de yönlendirmekte ve bu psikopatlar da kendi birliklerini oluşturarak bir araya gelip içlerindeki yıkıcılığı ne kendilerinin ne de bizlerin farkında olmadan sürdürmektedirler. Onların ön beyinleri, insanın medarı iftiharı ön beyinleri hatalı işlemekte ve düşük aktivite göstermekte, ön beyinlerinin zorlandığı ve vahşice gerçeği örttükleri beyin taramalarından çıkan sonuçtur. Arkadaşlar bu hastalıklı ruhları kendinizden kabul etmeyin ve gerçekte kimlerin insanlık adına kötülük yaptığını görün! Gezi park halkın yürüyüşündeki yazıyı tekrar yazmak istedim. Bunun anlamını derinden düşünün, hissedin arkadaşlar...

"CENNETE GİTMEK İSTEYENLERİN
CEHENNEME ÇEVİRDİĞİ DÜNYADA YAŞIYORUZ"....!

***

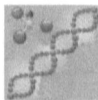

SONUÇ

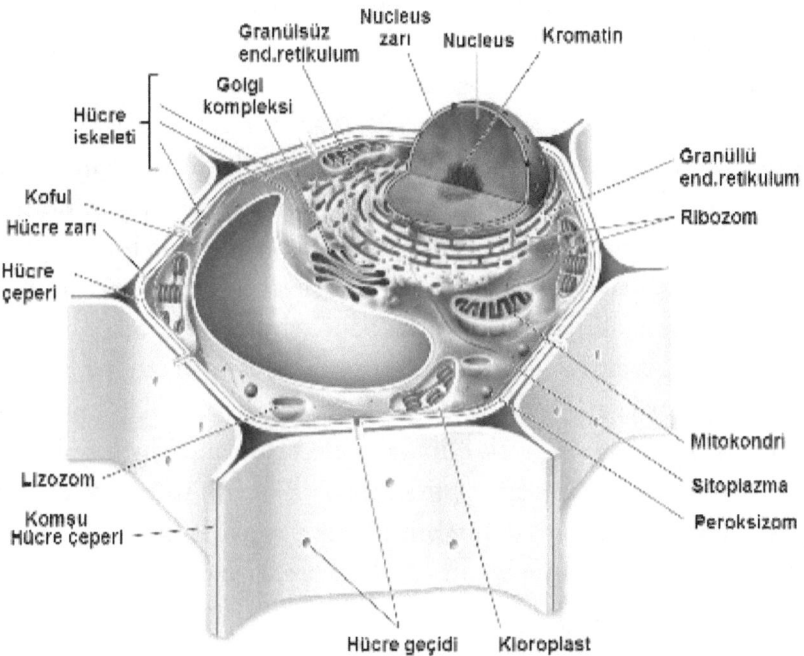

Canlılığa tek hücre oluşma evresi ve büyük canlılara evrilmesine zamanda yapılan iş olarak da bakmalıyız. Bulunduğu ortam olanaklarında ve kendiside ortamın uzantısı olarak, ortamın etkisi ve ortama etkisiyle evrilmekte, zamanda iş yapmaktadır. Bedenimiz, beynimiz ortamından aldığı enerjilerle ör: Göze gelen ışığın enerjisinin oluşturduğu etkiler beyne iletilerek, beynimizde yoğun aktivite artmasına ve bu enerji yoğunluğu aynı zamanda iş yapabilirliğin artması anlamına gelmekte; bölgedeki, beynimizdeki nöronal bağlantıların yoğunlaşmasına, sinapsların güçlenmesine, nöron sayısında da artmaya neden olmaktadır. Aksi durumda, beynimiz evrimsel süreçte nasıl büyüyebilirdi, milyarlarca nöron sayılarına ulaşabilirdi? Son zamanlarda anlaşıldığı gibi, olması gerektiği gibi nöronlar çoğalabilmektedir. Beynimizin evrimsel süreçte büyümesi beraberinde daha fazla enerji ve iş yapabilme potansiyelinin artması anlamına gelmek-

te, enerji yükselmektedir. (Beyin büyüklüğü tek başına zeka kriteri değildir.)

Canlılığın başlangıcının bir kerede oluşup evrimleşmesi pek mantıklı gözükmemektedir. Oluşum hala devam ediyor olmalıdır. Belki farkına varılamaması ya da yavaşlamasının nedeni, ortamda yoğun bakteri, virüs mantar, ağaçlar.. Yani, diğer canlılar öyle yaygın ki, yeni oluşumlara zaman bırakmadan moleküller ortamca kullanılıp parçalanmakta, harcanmaktadır. Görünen o ki, günümüzün tek hücreli canlıları evrimsel zamanda geleceğin çok hücreli canlı potansiyelindedir. Dünyada büyük değişimle Dinazorlarda olduğu gibi büyük yok oluşlar sonrasında, yeni şekillenmelerin önünü açmakta, iklim, ortam değişimi yeni koşullar oluşturmakta ve bir nevi evrimi koşullarda zorlanan ve de devleşip enerjisini bulabilmesi külfetli canlılar yavaş yavaş yok olmakta hele bir felaket durumundaysa toplu yok oluşlar meydana gelmektedir. Günümüzde dev canlılar suyun kaldırma kuvveti ve insanın bir nevi uzak kaldığı okyanuslarda yaşam alanı bulabilmektedir. Belki de mavi balinalar ortamın en eski canlılarındandır, bilemiyoruz.

Nasıl oluyor da hücreler çoğalarak, hücre organeli görevinde onlara benzer işleyişleri daha büyük bir bedende oluşturmaktadırlar. Mesela, hücre çekirdeğindeki DNA'nın yerini beynimizin aldığını ve iç organlarımızın hücre içi yapıların görevlerini daha büyük çapta oluşturduğu bir nevi vücudumuzun işlevleri bir hücrenin büyümüş halini göstermektedir. Bunun cevaplarından biri, iki durumunda canlılığın gereksinimlerini taşıması ve bir diğer nedeninin de fraktal yapılar olabileceğidir. Sizler de kendi yorumlarınızı düşünün!

Benzer bir soruyu da şöyle soralım: Nasıl oluyor da anne karnında döllenen tek hücre çoğalırken farklılaşıp hücrenin organellerine benzer, hücre organellerinin görevini üslenen daha büyük yapılaşmalar oluşturuyorlar? Yani organları oluşturuyorlar? Ve aynı DNA'ya sahip hücrelerin farklılaşması nasıl olmaktadır, nedeni nedir? Evrimde gelişen bir yapı şeklini tekrar nasıl oluşturabilmektedir? Bunun cevabı olmalıdır. Çünkü, kocaman bir canlı çimlenmektedir.

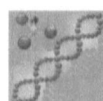

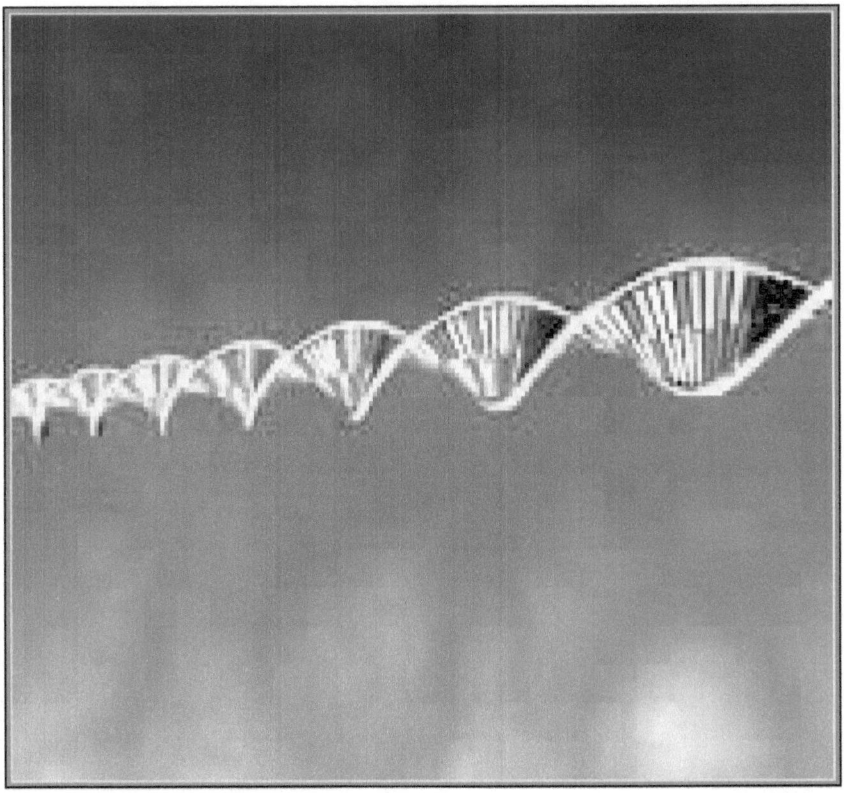

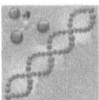

DNA'mızın fiziki şeklini, oluşturduğu canlıya görsel olarak benzetememize rağmen, DNA'nın bu ilk işleyiş sırası ve DNA'nın bölgelerinin işleyiş yoğunluğu önemli olmalıdır. Çünkü, DNA özelleşmiş bir alanın yapısında özelleşmiş bir hücre DNA'sı gibi değil, evrimsel oluşum sırasını izlediğini, yani DNA kendi evrim sırasını izliyor olmalıdır. Peki, durum böyle başlasa bile nasıl oluyor da aynı dna'ya sahip hücreler farklılaşıp vücudun farklı yapılarını oluşturuyor?. Esasen, hücre mitoz bölünmede aynı dna'yı taşıyor olsa bile iki eşit hücre oluşturmadığı ve hücre içi matrixlerinin yani hücre içi materyallerin aynı olmadığı ve bu farkında farklılaşmaya neden olduğu düşünülmektedir. Ancak, bu genel bir tanımlamadır ve olayı netleştirmemektedir.

Duruma biraz daha yakından bakmaya çalışalım:

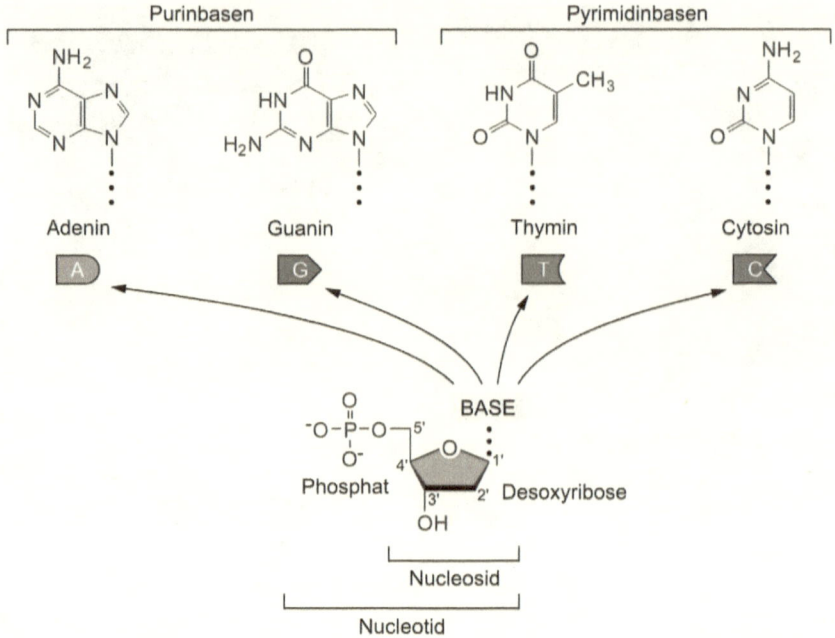

Bütün olarak kendimizden örnek alalım, güneşli bir havada, deniz kenarında, dağlık bir alanda, arkadaşlarla eğlenirken, farklı şeyler hisseder ve vücudumuzun işleyişinin aynı olmadığını anlayabiliriz. Güneşin enerjisi arkadaşların enerjisi vb.. durumlar hormonal olarak da toplam, dna'ların işleyiş miktarını da etkilemektedir. Mesela, spor yaptığımız esnada vücudumuzla birlikte dna'mız da daha yoğun işliyor olmalıdır. Esasen bunu zaten biliyor ve metababolizma, bazal metabolizma hızıyla ifade ediyoruz. Şimdi, anne karnındaki döllenmiş yumurtaya geri dönersek, bölünüp çoğalan hücrelerin içindeki farklı orandaki bileşenler, hücrenin elektromanyetik alanının da farklı olmasıyla dna'nın işleyiş orantısını etkilemekte ve oluşum bütünden ayrı düşünülmemesi gerektiğinden hücreler çoğalırken, oluşturduğu yeni bütünün toplam elektromanyetik alanı da hem alanın yerine göre hem de bütün yapıyı etkileyeceğini ve farklılaşmanın bu yolla da bütünsel olarak evrimi izleyebileceğini düşünüyorum.

***

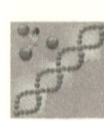

İşte, her hücrede benzer DNA olmasına rağmen, içinde bulunduğu kimyasal, dolayısıyla elektromanyetik alan farkı dna'nın işleyiş orantısını etkilemekte ve her hücre içinde bulunulan ortamın etkileşimiyle üretim yapmaktadır. Esasen bütünsel bakışla, vücudumuzu ekosistemler ağı olarak da görebiliriz. Farklı doğal koşullarda oluşup evrimleşen tek hücreli canlıya dünyamız üzerinde bulunulan koşullar nasıl etki ediyor ve aynı zamanda aynı türlerin farklılaşmasına neden oluyorsa, temelde vücudumuza da ekosistem alanları olarak bakmamız yolumuzu kısaltacaktır diye düşünüyorum. Buna, bilinen bir örnek olarak henüz özelleşmemiş kök hücrelerin nakledildiği organdaki hücrelere evrilmesi ve oradaki hücrelere dönüşmesi örneğidir. Bu durumun omurilik zedelenmelerinde umut vaad etmektedir. Kök hücre anlayışı çok önemli olmasının yanında, evrim gerçeğine daha da yaklaşmamızı sağlayabilir.

Bilinç, çağın düşüncesinin evrim olduğunu kavramış ve sorularının cevabının evrimde çözüm bulduğunu görmüştür. Evrim gerçe-

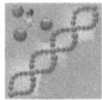

ğini anlayamayan, evrim üzerinde düşünüp çözüm üretemeyen toplumların geleceği tesadüflere kalmış demektir. Ve hatalı inançları, kendi gelişimleri önünde engel oluşturacak ve de kölelikten kurtulamayacaklardır. Dışardan bakınca böyle devletler oturduğu dalı kesiyor görüntüsü oluşturacaklardır.

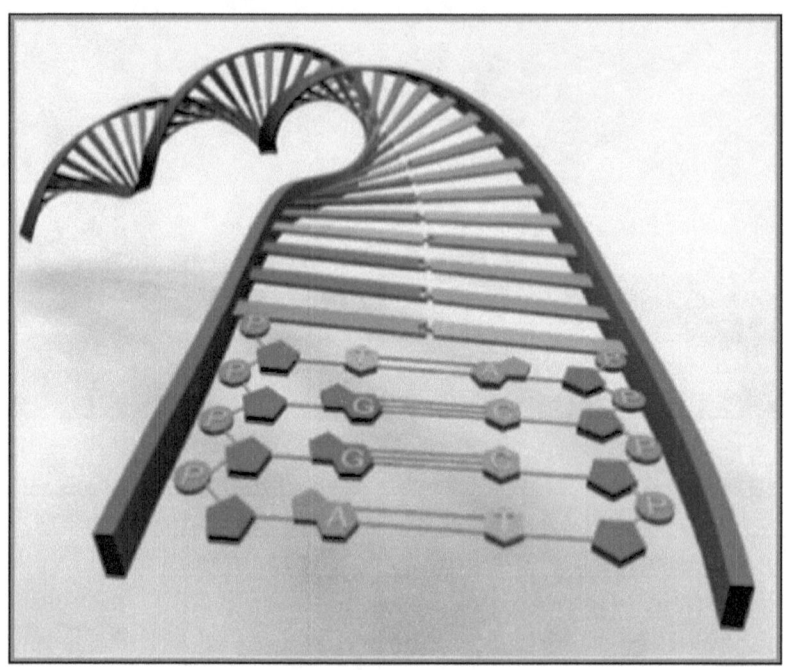

Henüz erken olmasına rağmen, İnsanlık uzaya açılmanın, yeni yaşam alanlarında evrimleşmenin yolunu bulmalıdır. Evrensel zamanda, kendi sistemine hapsolanlar, o sistemin ömrünü tamamlamasıyla yok olacaklardır. Bizlere hayat veren güneşimizdir ve onun sonu da diğer yıldızlar gibidir..

** SON **

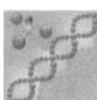